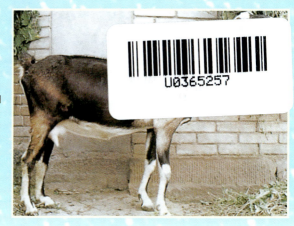

奴比亚奶山羊（母）

关中奶山羊（公）

关中奶山羊（母）

（书中部分彩照引自《科学养羊指南》）

关中奶山羊羔羊

西农莎能奶
山羊（公）

西农莎能奶
山羊（母）

西农莎能奶山羊青年母羊群

崂山奶山羊（公）

崂山奶山羊（母）

肉 山 羊

布尔山羊（公）

布尔山羊（母）

全身红毛布尔山羊公羊

南江黄羊（公）

南江黄羊（母）

南江黄羊羊群

马头山羊（公）

陕南白山羊（公）

雷州山羊（公）

宜昌白山羊(公)

隆林山羊(母)

贵州白山羊(公)

绒 山 羊

内蒙古绒山羊

辽宁绒山羊

辽宁绒山羊羊群

内蒙古绒山羊羊群

河西绒山羊

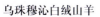
乌珠穆沁白绒山羊

太行山羊

子午岭山羊

肉脂绵羊

小尾寒羊(公)

小尾寒羊(母)

小尾寒羊
育肥羔羊

乌珠穆沁羊（公）

阿勒泰羊（公）

萨福克羊

汉普夏羊（公）

牛津羊（公）

德国肉用美利奴羊（公）

德国白头肉用羊

德国褐头肉用羊

法兰西岛羊（公）

夏洛来羊（母羊与羔羊）

特克赛尔羊（公）

无角道赛特羊（公）

兰德瑞斯羊

半细毛绵羊

边区来斯特羊（母）

考力代羊（母）

罗姆尼羊（公）

羔皮与裘皮山羊

羔皮山羊名种——济宁青山羊

裘皮山羊名种——中卫山羊（母）

裘皮山羊名种——中卫山羊（公）

内 容 提 要

本书由陕西杨凌西北农林科技大学高级畜牧师王惠生等根据多年生产、科研、推广、引种和扶贫工作的实践经验编写而成。内容包括羊的类型与分布,羊的品种特点与生态学要求,各类羊名种介绍,引种标准,引种与售羊方法等12章。内容丰富,科学实用,易读易懂。适合引种者、推广者、养羊者学习应用,也可供农牧院校师生阅读参考。

图书在版编目(CIP)数据

绵羊山羊科学引种指南/王惠生,陈海萍编著. —北京:金盾出版社,2002.1
ISBN 7-5082-1698-9

Ⅰ.绵… Ⅱ.①王…②陈… Ⅲ.①绵羊-引种-指南②山羊-引种-指南 Ⅳ.S826.2-62

中国版本图书馆 CIP 数据核字(2001)第 058549 号

金盾出版社出版、总发行
北京太平路5号(地铁万寿路站往南)
邮政编码:100036 电话:68214039 83219215
传真:68276683 网址:www.jdcbs.cn
彩色印刷:北京外文印刷厂
黑白印刷:北京金盾印刷厂
装订:敦煌印刷(北京)有限公司
各地新华书店经销
开本:787×1092 1/32 印张:4.5 彩页:16 字数:88千字
2006年12月第1版第4次印刷
印数:37001—38000册 定价:6.50元
(凡购买金盾出版社的图书,如有缺页、
倒页、脱页者,本社发行部负责调换)

绵羊山羊
科学引种指南

王惠生　陈海萍　编著

金盾出版社

目 录

前 言

第一章 羊的类型与分布 …………………………………（1）
  第一节 羊的类型 …………………………………………（1）
    一、山羊的类型……………………………………………（1）
    二、绵羊的类型……………………………………………（3）
  第二节 羊的分布 …………………………………………（4）
    一、绵羊的分布……………………………………………（4）
    二、山羊的分布……………………………………………（5）

第二章 羊的品种特点与生态学要求 ………………（6）
  第一节 羊的品种特点 ……………………………………（6）
    一、绵羊、山羊的共同特点………………………………（6）
    二、绵羊、山羊的主要区别………………………………（7）
  第二节 羊的生态学要求 …………………………………（9）
    一、不同品种对生态条件的要求…………………………（9）
    二、自然生态因素对引种养羊的影响……………………（11）
    三、引种羊应适应生态学要求……………………………（15）

第三章 奶山羊名种介绍 ……………………………（17）
  第一节 引入名种 …………………………………………（17）
    一、莎能奶山羊……………………………………………（17）
    二、吐根堡奶山羊…………………………………………（18）
    三、奴比亚奶山羊…………………………………………（19）
    四、改森奶山羊……………………………………………（20）
  第二节 培育名种 …………………………………………（20）

一、关中奶山羊 ……………………………………（20）
二、西农莎能奶山羊 ………………………………（24）
三、崂山奶山羊 ……………………………………（25）
第四章　肉山羊名种介绍 ……………………………（26）
　第一节　国外名种 ……………………………………（26）
　　一、布尔山羊 ………………………………………（26）
　　二、苏丹沙漠地山羊 ………………………………（31）
　　三、卡毛尔山羊 ……………………………………（31）
　　四、埃克梯克山羊 …………………………………（31）
　第二节　国内名种 ……………………………………（32）
　　一、南江黄羊 ………………………………………（32）
　　二、马头山羊 ………………………………………（34）
　　三、陕南白山羊 ……………………………………（35）
　　四、黄淮山羊 ………………………………………（35）
　　五、雷州山羊 ………………………………………（35）
　　六、宜昌白山羊 ……………………………………（36）
　　七、隆林山羊 ………………………………………（36）
　　八、海门山羊 ………………………………………（36）
　　九、铜羊 ……………………………………………（37）
　　十、贵州白山羊 ……………………………………（37）
　　十一、龙陵山羊 ……………………………………（38）
　　十二、都安山羊 ……………………………………（38）
　　十三、福清山羊 ……………………………………（38）
第五章　绒山羊名种介绍 ……………………………（39）
　第一节　白绒山羊名种 ………………………………（39）
　　一、辽宁绒山羊 ……………………………………（39）
　　二、内蒙古绒山羊 …………………………………（40）

三、河西绒山羊……………………………………（42）
　　四、乌珠穆沁白绒山羊……………………………（43）
　第二节　紫绒山羊名种………………………………（44）
　　一、太行山羊………………………………………（44）
　　二、子午岭山羊……………………………………（45）
第六章　羔皮、裘皮与毛用山羊名种介绍…………………
　第一节　羔皮山羊名种——济宁青山羊……………（46）
　第二节　裘皮山羊名种——中卫山羊………………（47）
　第三节　毛用山羊名种——安哥拉山羊……………（48）
第七章　肉脂绵羊名种介绍…………………………（49）
　第一节　国内名种……………………………………（49）
　　一、小尾寒羊………………………………………（49）
　　二、同羊及其多胎高产类型羊……………………（54）
　　三、阿勒泰羊………………………………………（57）
　　四、阿勒泰肉用细毛羊……………………………（58）
　　五、乌珠穆沁羊……………………………………（58）
　　六、大尾寒羊………………………………………（59）
　　七、兰州大尾羊……………………………………（59）
　第二节　国外名种……………………………………（59）
　　一、有角道赛特羊(Dorset Horn) …………………（59）
　　二、萨福克羊(Suffolk) ……………………………（60）
　　三、南丘羊(South Down) …………………………（61）
　　四、汉普夏羊(Hampshire Down) …………………（61）
　　五、牛津羊…………………………………………（62）
　　六、德国肉用美利奴羊(German Mutton Merino)

　　　……………………………………………………（62）
　　七、德国白头肉用羊………………………………（63）

八、德国褐头肉用羊……………………………………（63）
九、夏洛来羊……………………………………………（64）
十、法兰西岛羊…………………………………………（65）
十一、特克赛尔羊(Texel)………………………………（65）
十二、无角道赛特羊(Poll Dorset)……………………（66）
十三、兰德瑞斯羊………………………………………（67）
十四、波利帕羊…………………………………………（68）
十五、阿尔科特羊(Arcott)……………………………（68）

第八章 细毛绵羊名种介绍……………………………（69）
第一节 国内名种………………………………………（69）
一、中国美利奴羊………………………………………（69）
二、新疆毛肉兼用细毛羊………………………………（70）
三、东北细毛羊…………………………………………（70）
四、甘肃高山细毛羊……………………………………（71）
五、内蒙古毛肉兼用细毛羊……………………………（71）
六、敖汉细毛羊…………………………………………（72）
第二节 国外名种………………………………………（72）
一、澳洲美利奴羊………………………………………（72）
二、波尔华斯羊…………………………………………（73）
三、高加索细毛羊………………………………………（73）
四、俄罗斯美利奴羊……………………………………（74）

第九章 半细毛绵羊名种介绍…………………………（74）
第一节 国内名种………………………………………（74）
一、青海高原半细毛羊…………………………………（74）
二、东北半细毛羊………………………………………（75）
第二节 国外名种………………………………………（76）
一、考力代羊……………………………………………（76）

二、林肯羊 (76)

三、罗姆尼羊 (77)

四、边区来斯特羊 (77)

五、茨盖羊 (78)

第十章 羔皮与裘皮绵羊名种介绍 (79)

第一节 羔皮绵羊名种 (79)

一、湖羊 (79)

二、中国卡拉库尔羊(三北羊) (80)

第二节 裘皮绵羊名种 (80)

一、滩羊 (80)

二、岷县黑裘皮羊 (81)

三、罗曼诺夫羊 (81)

第十一章 引种标准 (82)

第一节 关中奶山羊引种标准 (82)

一、引种标准 (82)

二、选购要点 (84)

三、判断高产奶山羊的方法 (85)

第二节 小尾寒羊引种标准 (86)

一、引种标准 (86)

二、与其他类似羊的区别 (88)

三、真假优劣鉴别要素 (90)

第三节 布尔山羊引种标准 (91)

一、引种标准 (91)

二、杂交后代羊特征 (92)

三、引种利用要点 (93)

第四节 南江黄羊引种标准 (94)

一、引种标准 (94)

二、引种标准采用的定义……………………………(97)
第十二章 引种与售羊方法……………………………(98)
第一节 引种………………………………………………(98)
一、引种原则………………………………………………(98)
二、养羊研究、生产、推广场家或基地介绍………(103)
三、引种方法……………………………………………(109)
第二节 售羊……………………………………………(116)
一、售羊原则……………………………………………(116)
二、售羊方法……………………………………………(117)
附图 全国养羊示范基地国家杨凌农业高新技术产业
示范区在陕西的位置……………………………(117)

第一章 羊的类型与分布

目前,世界上羊的品种有800多个,数量17.5亿多只,分为山羊和绵羊两大类型。其中山羊的品种有200多个,数量6.8亿多只,又分为奶用山羊、肉用山羊、绒用山羊、皮用山羊、毛用山羊和普通山羊等6类;绵羊的品种有600多个,数量10.7亿多只,又分为肉脂羊、细毛羊、半细毛羊、粗毛羊、羔皮羊和裘皮羊等6类。这些不同类型的羊广泛分布于世界各地。

第一节 羊的类型

一、山羊的类型

(一)奶用山羊 国外品种主要有瑞士莎能(亦译为萨能)奶山羊、瑞士吐根堡奶山羊、非洲奴比亚奶山羊、德国改森奶山羊、法国阿尔卑奶山羊、美国拉美查奶山羊、印度加姆拉巴里奶山羊和比陶奶山羊等。国内品种主要有陕西关中奶山羊、西农莎能奶山羊、山东崂山奶山羊、河南奶山羊、吉林延边奶山羊、河北唐山奶山羊和成都麻羊等。

(二)肉用山羊 国外品种主要有南非布尔(亦译为波尔)山羊、苏丹沙漠地山羊、巴基斯坦卡毛尔山羊和墨西哥埃克梯克山羊等。国内品种主要有四川南江黄羊、湖南马头山羊、陕南白山羊、黄淮山羊、广东雷州山羊、湖北宜昌白山羊、广西隆林山羊、江苏海门山羊、四川铜羊、贵州白山羊、云南龙陵山羊、广西都安山羊、福建福清山羊和长江三角洲白山羊等。

（三）绒用山羊　国内产白绒山羊品种主要有辽宁绒山羊、内蒙古绒山羊、甘肃河西绒山羊、内蒙古乌珠穆沁白绒山羊、内蒙古罕山白绒山羊、新疆山羊和新疆白绒山羊（北疆型）等。产紫绒山羊品种主要有晋冀豫太行山羊、陕甘子午岭山羊、山东沂蒙黑山羊和山东牙山黑绒山羊等。其他产绒山羊品种主要有西藏山羊、河北承德无角山羊、山西吕梁黑山羊和山西阳城白山羊等。国外绒山羊品种主要有俄罗斯奥伦堡山羊（Orenburg）、顿河山羊（Don，又称波里顿山羊）、阿尔泰山地山羊（Altai Mountain），印度切古山羊（Chigu）、昌什吉山羊（Changthangi）、喜马拉雅山羊（Himalayan），蒙古戈壁古尔斑赛汗绒山羊，顿河·吉尔吉斯绒山羊（Don-Kirghiz），乌兹别克黑山羊（Uzbek Black），澳大利亚野化山羊（Feral Goats）和开士哥拉山羊（Cashgora）等。

山羊绒纤细而坚实，柔软而质轻，是毛纺业的精品原料，被誉为纤维钻石、软黄金。我国山羊绒产量居世界首位，占国际贸易总量的一半以上。

（四）皮用山羊　分为羔皮山羊和裘皮山羊两类。羔皮山羊主要有山东的济宁青山羊，裘皮山羊主要有宁夏的中卫山羊。

（五）毛用山羊　土耳其安哥拉山羊是世界上最著名的毛用山羊品种，所产的山羊毛在国际市场上被称为马海毛，价值比美利奴羊毛高数倍。

（六）普通山羊　我国各地的山羊品种虽然很多，但多为地方品种，大部分没有专门的生产方向，属于肉、皮、绒兼用品种，生产性能都不特别突出。如山东的沂蒙黑山羊和白山羊、陕西麟游的黑山羊和白山羊、西藏山羊、新疆山羊、晋冀豫太行山羊和辽宁建昌山羊等。

二、绵羊的类型

（一）肉脂羊　国内品种主要有鲁西小尾羊，陕西同羊及其多胎高产类型羊，新疆阿勒泰羊、阿勒泰肉用细毛羊，内蒙古乌珠穆沁羊，冀鲁豫大尾寒羊和兰州大尾羊等。国外品种主要有英国有角道赛特羊(Dorset Horn)、萨福克羊(Suffolk)、南丘羊(South Down)、汉普夏羊(Hampshire Down)、牛津羊、达勒特姆勒羊、雪洛普夏羊，德国肉用美利奴羊(German Mutton Merino)、白头肉用羊、褐头肉用羊，法国夏洛来羊、法兰西岛羊，荷兰特克赛尔羊(Texel)，澳大利亚无角道赛特羊(Poll Dorset)，芬兰兰德瑞斯羊，美国波利帕羊和加拿大阿尔科特羊(Arcott)。

（二）细毛羊　细毛羊的共同特点是被毛同质，白色，细度在60支以上，毛长7厘米以上。根据其生产性能的不同，可分为毛用、毛肉兼用和肉毛兼用3种类型。我国现有的细毛羊品种，大多属于毛肉兼用型品种。国内品种主要有中国美利奴羊，新疆毛肉兼用细毛羊，东北细毛羊，甘肃高山细毛羊，内蒙古毛肉兼用细毛羊和辽宁敖汉细毛羊等。国外品种主要有澳洲美利奴羊、波尔华斯羊，高加索细毛羊，俄罗斯美利奴羊，新西兰美利奴羊，德国美利奴羊和斯达夫洛波羊等。

（三）半细毛羊　半细毛羊的共同特点是被毛同质，白色，细度在32～58支之间。根据其生产性能的不同，可分为毛肉兼用和肉毛兼用两种类型。国内品种主要有青海高原半细毛羊、东北半细毛羊和内蒙古半细毛羊等。国外品种主要有新西兰考力代羊，英国林肯羊、罗姆尼羊、边区来斯特羊、来斯特羊，俄罗斯茨盖羊等。

(四)粗毛羊　粗毛羊的被毛为异质毛,由多种纤维类型所组成(有无髓毛,两型毛,有髓毛,干毛及死毛)。粗毛羊均为地方品种,产毛量低,羊毛品质差,工艺性能不良。粗毛羊适应性强,耐粗放的饲养管理条件及严酷的气候条件,抓膘能力强,皮和肉的性能好。在我国有历史悠久的蒙古羊,西藏羊和哈萨克羊三大粗毛羊品种,约占全国绵羊总数的2/3,其数量和分布,蒙古羊居首,西藏羊居中,哈萨克羊居末。除此外,还有新疆的和田羊及巴音布鲁克羊等。

(五)羔皮羊　从流产或生后1周内的羔羊所剥取的毛皮称为羔皮。专门生产羔皮的羊,称为羔皮羊。其主要品种是我国太湖流域的湖羊和三北地区(西北、华北和东北)的卡拉库尔羊。

(六)裘皮羊　从生后1月龄至成年的羊剥取的毛皮称为裘皮。可分为二毛皮,大毛皮和老羊皮3种。二毛皮是指从生后35天左右的羊剥取的毛皮;大毛皮是指从6月龄以上未剪毛的羊剥取的羊皮;老羊皮是指从超过1周岁以上剪过毛的羊剥取的羊皮。专门生产裘皮的羊称为裘皮羊,其主要品种有我国的宁夏滩羊,甘肃岷县黑裘皮羊,青海贵德黑裘皮羊和山东泗水羊以及俄罗斯的罗曼诺夫羊等。

第二节　羊的分布

一、绵羊的分布

从全国范围来看,我国大部分绵羊分布在北纬28°~50°,东经75°~135°之间的广大牧区、半农半牧区和农区。全国除广东、福建和台湾省外,均有绵羊分布。这些地区包括寒温带、温带、暖温带和亚热带。

绵羊是喜干燥、怕湿热的动物,从各地分布的比例来看,北方(78%)高于南方(22%),内地(88%)高于沿海(12%),牧区(61%)高于半农半牧区(39%)。五大牧区所占比例依次为:内蒙古占18%,新疆占17%,青海占13%,西藏占13%,甘肃占5%。以各大区所占比例而言,西北区最高,占41%,华北区(包括北京市、天津市)占25%,西南区(包括重庆市)占18%,华东区(包括上海市)占7%,东北区占6%,中南区占3%。

二、山羊的分布

山羊比绵羊更能适应各种生态条件,故在全国的分布较之绵羊更广。主要分布在牧区气候干燥、天然植被稀疏的荒漠和半荒漠地区,地形复杂、坡度较大、灌木丛较多的山区,农区的山区和丘陵地区。各省、自治区、直辖市分布数量也较均匀。根据1999年的材料,按其分布比例,北方(59%)高于南方(41%),内地(72%)高于沿海(28%),农区(61%)高于牧区(24%)和半农半牧(15%)。按大区分布比例,西南区(包括重庆市)最高,占25%,华北区(包括北京市、天津市)占22%,华东区(包括上海市)占20%,西北区占18%,中南区占14%,东北区占1%。省、自治区分布比例较大的有:河南占9%,内蒙古占9%,四川占9%,山东占9%,西藏占7%,云南占7%。

我国不同生产用途和类型山羊的分布大体是:绒山羊分布在温带湿润和温带半干旱地区;裘皮山羊分布在暖温带半干旱地区的宁夏西部和西南部及甘肃中部地区;羔皮山羊分布在暖温带半湿润地区的山东菏泽与济宁地区;奶用山羊大多分布在城市郊区及农业发达地区,特别是在关中平原及其腹地西北农林科技大学所在的国家杨凌农业高新技术产业示范区分布的数量最大;肉用山羊大多分布在长江以南的亚热带地区;普通山羊分布面广,大多分布在温带干旱地区、暖温带半干旱地区、亚热带湿润地区、青藏高原干旱和半干旱地区。

第二章 羊的品种特点与生态学要求

第一节 羊的品种特点

一、绵羊、山羊的共同特点

我国的绵羊、山羊品种在漫长的历史过程中,在不同生态环境条件下,经过闭锁繁育,形成了许多地方品种。随着社会的发展和人们生活的需要,又经过人们有目的的选择,终于形成了某些优良的特性。

(一)适应性强 我国绵羊、山羊品种一般都具有适应性良好、耐粗饲、易抓膘、抗逆性和抗病力强等特点,在严酷生态条件下有较强的生命力。例如,西藏羊生活在海拔3 000~5 000米、无霜期短、牧草低矮、枯草期长的高寒地区,放牧行动敏捷,边走边采食,采食能力强,抗逆性罕见。我国南方的绵羊、山羊能够耐高温、高湿,如雷州山羊,在产区年平均降水量1 800毫米、年平均气温23℃、相对湿度84%的条件下,能表现出良好的适应性。

(二)产品多样 我国的绵羊、山羊由野生种被人类驯化之后,在长期的系统发育和个体发育过程中,形成了若干品种,它们分布在各自特定的环境中,经人们的选育形成了具有独特优点的性能,并能稳定地遗传给后代。如宁夏滩羊和中卫山羊,生产的二毛皮毛股具有美丽花穗,深受广大消费者喜爱;湖羊和济宁青山羊的羔皮具有波浪状花纹,在国内外享有盛誉;长江三角洲白山羊所产的毛,颜色洁白,弹性好,制成毛笔挺直有锋,劲健有力,闻名中外;成都麻羊、黄淮山羊等所产的山羊皮板弹性强,韧性大,质地柔软、耐磨、畅销于国内外市场。

(三)生长快、繁殖力高　产于农区的绵羊、山羊品种,在气候温暖、雨水充沛、饲草饲料丰富的条件下,经过人们长期选择,大多具有生长快、早熟、繁殖力高的特点。如小尾寒羊,周岁时宰前活重可达73千克,胴体重为41千克,屠宰率为56%;母羊性成熟早,成年母羊一年四季均可发情配种,一般可2年产3胎,每胎产羔率为200%(河北)~266%(山东)。湖羊也可2年产3胎,每胎产羔率为223%。济宁青山羊可1年产2胎,每胎产羔率为294%。黄淮山羊产羔率为227%~239%。

二、绵羊、山羊的主要区别

第一,山羊与绵羊是两种不同的家畜,山羊有30对染色体,绵羊有27对染色体,这两种羊交配不具有繁殖能力。

第二,山羊有膻味,公山羊尤其强烈;而绵羊不具有这一特征。绵羊眼下有眶下腺,四蹄有趾间腺,大腿内侧有鼠蹊腺;而山羊没有这几种腺体。山羊颌下有胡须,部分颈下有肉垂,尾短上翘,角呈倒"八"字形,而绵羊颌下无胡须,尾长下垂,角呈螺旋形。

第三,山羊对粗纤维的消化率比绵羊高3.7%,山羊采食能力比绵羊强,它可以扒开地面积雪寻找草吃,还能扒食草根。在山羊与绵羊混群放牧时,山羊总是走在前面抢食,绵羊则慢慢地走在后面吃草。在青草季节,山羊喜食嫩树叶,绵羊喜食豆科、禾本科牧草;在枯草期,山羊以吃落叶为主,绵羊以吃杂草和落叶为主。

第四,山羊脂肪沉积的能力比绵羊弱,前者胴体脂肪率为4%~6%,后者为4%~8%;山羊脂肪主要沉积在腹腔脏器周围,绵羊则主要沉积在尾部及皮下。

第五,山羊比绵羊的生活力、适应性更强,山羊具有耐热、耐寒、耐旱、耐湿的特性。山羊耐高温的能力比绵羊强,耐寒冷的能力却比绵羊弱。山羊耐口渴的能力也比绵羊强。山羊即使处在半饥饿状态下仍能生长和繁殖。

第六,山羊比绵羊更喜欢成群结队,常常是一只领头羊在前,一群羊在后面紧跟,出牧、归牧管理容易。母山羊产羔后恋仔性强,护仔性好,对异母生的羔羊也会给予哺育,因此羔羊成活率高。常见1只母山羊带3~4只羔羊,羔羊仍可个个长得膘肥体胖的景象。

第七,除小尾寒羊外,一般绵羊是越热越挤堆,越挤堆越热,俗话称"捂了羊"。由于伤热,绵羊易引起肺炎、口疮和疥癣等疾病;而山羊却不因热而挤堆。

第八,山羊属于活泼型,反应灵敏,行动敏捷,活泼好动,喜欢登高。小山羊常有前肢腾空、躯体直立、跳跃、嬉戏等动作,一般绵羊不能攀登的陡坡和悬崖,山羊可以行动自如。山羊喜食灌木树叶,当树叶离树干远时,它会把前腿抬起来,身子向上如同走路的猴子一样采食树叶和嫩枝条。山羊易于领会人的意图,容易训练调教,所以有经验的牧羊人在绵羊、山羊混群放牧时,常选择山羊作为"头羊"带领羊群行进,因此,群众常称之为精山羊、猴山羊。

绵羊属于沉静型,性情温驯,反应迟钝,懦弱胆小,行动缓慢,因此,群众常称之为疲绵羊。绵羊不善于攀登高山陡坡,喜欢在平缓地带采食低草。

第二节 羊的生态学要求

一、不同品种对生态条件的要求

不同生产方向的品种要求不同的生态条件,这是羊在长期的进化过程中形成的。引进新品种或进行杂交改良时,必须考虑当地的生态条件是否符合这种羊的要求。自然的生态因素包括温度、湿度(降雨、降雪量)、风力、海拔、光照、地形、草质和草量等。这些因素综合起来构成羊的外界环境。

生态条件变化太大时,羊就无法很快适应,会使羊的生产性能降低,生长发育受阻,体重减轻,体格变小;公羊、母羊性机能减弱,公羊精液中畸形精子增多,母羊发情不正常,不孕率增加;羔羊成活率降低,呼吸系统疾病、寄生虫病、腐蹄病增加。这些不良现象的产生,当然亦与人为的饲养管理条件有关,但生态条件还是主要的因素。例如,要把要求气候温和、湿润,放牧条件优越的林肯羊、罗姆尼羊引进大陆性气候的高寒山区,尽管注意改善饲养管理条件,亦很难使其适应,要适应也必须有个比较长的风土驯化过程。

根据不同类型羊的品种在世界各地发展的历史及主要分布地区的生态条件,可以归纳出不同类型羊的品种对生态条件的要求大体如下。

（一）细毛羊　要求干旱、半干旱的气候条件,寒冷也可以适应,但湿热与湿寒都对其生长不利,特别是湿热。放牧饲养条件要求草原性质的中、矮型禾本科天然牧草,最好要伴生有豆科牧草,灌丛不宜过多。日粮中的蛋白质应比较丰富,全年营养物质的供应要基本均衡。流动、半流动沙丘及重盐碱地,都是有损于细毛品质的因素。

（二）肉毛兼用半细毛羊（罗姆尼羊、夏洛来羊）　要求半湿润及全年温差不太大的气候条件,但对较湿热的条件亦有一定的适应能力。放牧场上的天然牧草以中、矮型禾本科、豆科及杂草类为佳,植被的覆盖度比较大。放牧场的坡度以小于15°为宜。日粮中蛋白质含量应丰富,全年营养物质的供应要均衡。

（三）毛肉兼用半细毛羊（茨盖羊）　要求干旱、半干旱的气候条件及草原性质的植被条件,全年亦需均衡的营养水平,对蛋白质的要求与细毛羊相似。能适应坡度稍大的放牧场,但流动、半流动沙丘及重盐碱地对被毛品质同样有很大危害。

（四）羔皮、裘皮羊　要求干旱、半干旱的气候条件,对气温适应的幅度较大,但在气温过低的地区,对二毛品质有不良影响。要求荒漠草原的草场植被,对小灌木及灌丛草地也能适应。土壤中要含有一定程度的盐碱,可以终年放牧,全年的营养水平可以不太均衡。

（五）肉脂兼用粗毛羊　要求全年温差较大的气候条件,对气温适应的幅度较大,对水分条件要求不严,从湿润到干旱都可以适应。放牧草场应有较多的杂草类,夏秋牧地的牧草要茂密而多汁。饮水应为河水或井水,但冬季也可以吃雪。

二、自然生态因素对引种养羊的影响

(一)气温　在自然生态因素中,气温是对羊影响最大的生态因子,它在羊的生活中起着重要的作用。在不同的纬度,不同的海拔高度,甚至在同一地区的不同季节,或者在同一天的不同时间,气温都有差异。气温的变化,在不同程度上影响着羊的新陈代谢,进而直接或间接地影响着羊的生长发育、体型外貌、生产性能、分布区域以及其他生命活动。

每一种生物,都有其最适温度。恒温动物借助于物理调节方法来维持正常体温,以适应环境温度。当气温下降,机体散热增加时,必须提高代谢率,增加产热量,以维持体温的恒定,因低温开始提高代谢率的外界温度,称为"下限临界温度"。当气温升高,机体散热受阻时,亦必须提高代谢率,增加散热量,以维持体温的恒定,因高温而开始引起代谢率升高的环境温度,称为"上限临界温度"。下限临界温度与上限临界温度之间的气温,为最适温度。

当气温为最适温度时,羊的生活力最强,生产性能最佳。当气温稍低于下限临界温度时,羊为适应低温环境,就会加强体内新陈代谢,以提高抗低温的能力,这样对羊体有锻炼的良好作用。如果温度过低,羊体散热过多,进而打颤,代谢降低,尿量增多,严重时可致死亡。如果温度过高,食欲降低,喘气急迫,严重时可致中暑。

气温对羊的繁殖也有影响。在我国东南沿海地区,由于气候温热湿润,牧草茂盛,因而羊的性成熟早,能四季发情配种,胎产2羔以上。而在青藏高原等高寒地区,牧草低少,故性成熟迟,秋、冬发情配种,一年一胎,多产单羔。

我国几种不同类型的绵羊对气温适应的生态幅度见表

表 2-1 不同类型的绵羊对气温适应的生态幅度 (℃)

绵羊类型	掉膘极端低温	掉膘极端高温	抓膘气温	最适抓膘气温
细毛羊	≤−5	≥25	8~22	14~22
半细毛羊	≤−5	≥25	8~22	14~22
卡拉库尔羊	≤−10	≥32	8~22	14~22
粗毛羊	≤−15	≥30	8~24	14~22

(二)降水和空气湿度 空气相对湿度大小,直接影响着羊体热的散发。在一般温度条件下,空气湿度对羊体热的调节没有影响,但在高温时,羊主要靠蒸发散热(20%靠出汗散热,80%靠呼吸散热)。而蒸发散热量与羊体蒸发面(皮肤和呼吸道)的水气压与空气的水气压之差成正比。空气水气压升高,羊体蒸发面水气压与空气水气压之差减小,因而蒸发散热量亦减少。所以在高温高湿的环境中,羊只散热更为困难。当羊只散热受到抑制时,会引起体温升高,皮肤充血,呼吸困难,机能失调,生产力和生活力下降。

羊在湿热和湿寒的环境中起主导作用的因子是高湿度,它可以加剧高温或低温对羊体的危害程度;而在干热及干寒的环境中,起主导作用的因子是温度,高温和低温均可左右羊对干燥环境的适应。但是,对羊来讲,最重要的是要尽可能地避免出现高湿度的环境。

降水量的多少可直接影响到大气的湿度,一般呈正相关,但降水并不等于湿度。降水经过大气层时,可以清除空气中的灰尘,净化空气,使羊感到舒适。

不同类型的绵羊对水分适应的生态幅度见表 2-2。

表 2-2　不同类型的绵羊对水分适应的生态幅度　（%，毫米）

绵羊类型	适宜的水分状况		最适宜的水分状况	
	相对湿度	年降水量	相对湿度	年降水量
细毛羊	50～75	250～700	55～65	300～500
茨盖型半细毛羊	50～75	250～600	55～65	300～500
早熟肉用型半细毛羊	55～80	450～1000	60～70	500～700
羔皮羊	40～60	100～300	40～50	150～200
粗毛肉用羊	55～80	400～600	60～70	450～550

（三）光辐射　光是生命活动的一个极为重要的环境因子，它能影响羊体的物理和化学变化，产生各种各样的生态学反应。羊是短日照繁殖家畜，在每年8月中旬，日照由长变短、气温开始下降时，母羊便大部分开始发情，公羊便大部分进入性欲旺盛期。缩短或延长光照时间，对羊的繁殖性能有明显的影响。

（四）海拔高度　海拔高度，能引起羊的特征、特性发生变化。长期饲养在低海拔地区的羊，当向高海拔地区引种时，一些羊会由于大气中含氧量的减少而产生一系列的不适应，主要表现是：皮肤、口腔和鼻腔等粘膜血管扩张，甚至破裂出血，机体疲乏，精神委靡，呼吸及心跳加快等。

多数羊是以放牧饲养为主的家畜，放牧效果的好坏，与放牧场的地形特点有很大关系。平缓的牧地有利于绵羊的放牧。但是，对于活泼好动、行动敏捷的山羊来讲，山区陡坡甚至悬崖上绵羊不能攀登的地方，它也能够行动自如地进行采食。沙石、盐碱和灌木较多的牧地，对毛用养羊业的发展不利，然而对多数山羊品种则影响不大。

我国不同品种的羊主要分布地区海拔高度见表2-3和表2-4。

表 2-3 我国绵羊品种主要分布地区的一般海拔高度 （米）

品　种	海拔高度	品　种	海拔高度
湖羊	<20	鄂尔多斯细毛羊	1100～1500
寒羊	40～50	兰州大尾羊	1500～1800
东北细毛羊	150～500	滩羊	1100～2000
敖汉细毛羊	350～800	新疆细毛羊	140～2300
中国卡拉库尔羊	800～1200	哈萨克羊	500～2400
乌珠穆沁羊	800～1200	和田羊	1300～1500
山西细毛羊	800～1500	巴音布鲁克羊	2400～2700
内蒙古细毛羊	1200～1500	甘肃高山细毛羊	2400～3000
同羊	330～1500	岷县黑裘皮羊	2500～3200
蒙古羊	700～1700	青海高原半细毛羊	3000～3500
广灵大尾羊	1000～1800	西藏羊	2500～4500

表 2-4 我国山羊品种主要分布地区的一般海拔高度 （米）

品　种	海拔高度	品　种	海拔高度
西藏山羊	2500～4500	宜昌白山羊	800～1200
新疆山羊	500～2000	成都麻羊	470～1500
内蒙古绒山羊	800～1500	建昌黑山羊	2500
河西绒山羊	1400～3000	板角山羊	450～1500
辽宁绒山羊	200～500	贵州白山羊	500～1200
太行山羊	500～2000	福清山羊	10～600
中卫山羊	1200～2000	隆林山羊	600～1800
济宁青山羊	<50	雷州山羊	26～100
黄淮山羊	20～100	长江三角洲白山羊	<10
陕南白山羊	1500～3000	关中奶山羊	360～800
马头山羊	300～1000	崂山奶山羊	200～500

（五）自然气候和季节　自然气候对羊的生态作用,表现

在新品种引入后,常常需要一个风土驯化的过程,才会对新环境产生较好的适应性。季节对羊的生态作用,主要表现在易出现春乏、夏饱、秋肥和冬饿的现象,尤以草原牧区为甚。

三、引种羊应适应生态学要求

羊的分布具有严格的地域性,这是由各地的环境条件不同和各地羊的适应能力有一定限度所决定的。

就一个品种来说,环境条件对它的适宜程度可以分为4种类型:即最适类型、适宜类型、勉强类型和不适宜类型。湖羊要求气候湿润,滩羊要求干燥而寒冷,藏羊要求高寒。对于最适宜类型和适宜类型,羊的生产潜力可以得到最好的发挥。因而对羊生产性能起主导作用的因素是羊的内因,即遗传性;对于不适宜类型,决定羊健康以致生存的主导因素是生态环境。只有在改善环境的条件下羊才能存在下去,并维持较低水平的健康状况和生产性能。至于勉强类型,一般需在改善生态环境并配合给以遗传育种措施的情况下,才能获得基本满意的效果。

羊地理分布的严格地域性,给我们提出了以下引种羊时的生态学要求。

(一)分析拟引进羊的适应能力　引进种羊时必须仔细分析原产地与引入地在环境条件方面的差异性或相似性。相似性愈大,引种成功的可能性也就愈大。从英国引进的边区来斯特羊和林肯羊,饲养在西南地区,由于环境条件基本相似,因此效果较好。

(二)用过渡的方法逐步引入　若引入地与原产地的生态环境条件差异大,可把羊先从原产地引到环境条件介于原产地与引入地之间的地区,待羊逐步适应后,再引至计划引入的地区。为了简便,可以从该品种已经推广到的地区引羊,而不直接从原产地引羊。

(三)选择适宜的引羊季节 从温暖地方引到寒冷地方,以春季较为合适,这时春暖花开,牧草返青,气候和饲养条件都比较好,再经过夏秋两季饲养,羊体质增强,适应能力提高,容易越冬。从较冷的地方引到较热的地方,则以秋季为宜,这样有助于安全度夏。

(四)选择适宜的年龄 一般来讲,青年羊正处在生长发育阶段,各种生理机能都非常旺盛,适应能力强,引种易于成功。

(五)引入冷冻精液 也可以用引入冷冻精液来代替引入公羊,给当地母羊配种,这样获得的后代,既具有外来品种的优良性状,又保持当地品种的良好适应性,生产性能和经济效益高。而且引入冷冻精液远比引入公羊经济上要合算。

(六)级进杂交代数要适当 如用引入品种羊级进杂交改良当地品种,一般以 2~3 代为宜,这样所获后代杂交优势最大,既具有引入品种的优良生产性能,又具有当地品种的良好适应性能。若级进杂交代数过高,会使后代杂交优势降低,失去当地品种的适应能力。在育种工作中,要充分注意羊的适应问题,应走出认为杂交代数愈多愈好的误区。

第三章 奶山羊名种介绍

第一节 引入名种

一、莎能奶山羊

(一)产地及分布　原产于瑞士伯尔尼西部的莎能山谷,该地属于阿尔卑斯山区,海拔1 000米以上,四周环山,适宜放牧。莎能山谷是有名的天然疗养地,居民主要经营奶羊业,为家庭、游客提供鲜奶和干酪,为外地提供种羊。优越的自然条件、政府的支持、当地人民的精心选育,从而形成了这一高产奶山羊品种。莎能羊是世界上非常著名的奶山羊品种,已广泛分布于世界各地,许多国家都用它来改良地方山羊品种,选育成了不少地方奶山羊新品种,如英国莎能奶山羊、以色列莎能奶山羊、德国莎能奶山羊等。我国从1904年开始已不断从英国、德国和加拿大等国引入莎能奶山羊,主要饲养在陕西杨凌国家农业高新技术产业示范区及眉县、千阳、扶风等地,并由其演化、选育而成了中国莎能奶山羊(即:关中奶山羊及西农莎能奶山羊)新品种。

(二)外貌特征　莎能奶山羊具有奶畜特有的楔形体型,体格高大,细致紧凑。头长,面直,耳长直立,眼大灵活。被毛粗短呈白色,皮肤薄,呈粉红色。公、母羊大多有须,部分有角,有些颈部有肉垂。胸部宽深,背宽腰长,背腰平直,尻宽而长。四肢结实,姿势端正。蹄壁坚实呈蜡黄色。母羊颈细长,公羊颈粗壮。母羊腹大而不下垂,公羊腹部浑圆紧凑。母羊乳房基部宽广,向前延伸,向后突出,质地柔软,1对乳头,大小适中。

(三)体尺体重 成年公羊体高80~90厘米,体重75~95千克;成年母羊体高70~78厘米,体重55~70千克。

(四)生产性能 年泌乳期为300天,产奶量为600~1 200千克,个体最高产奶量达3 080千克,乳脂率为3.8%,产羔率为200%,利用年限为10岁左右。

(五)适应性 适应性广,抗病力强,在平原、丘陵、山区,北方、南方均可饲养。遗传力强,改良地方山羊效果十分显著。

在实际生产中,由于莎能奶山羊数量有限,常用我国培育的优良品种——关中奶山羊代替,以改良各地土种山羊品种。

二、吐根堡奶山羊

(一)产地及分布 原产于瑞士东北部的吐根堡盆地,现已分布于世界各地,与莎能奶山羊同享盛名。由它杂交形成的品种有英国吐根堡羊、荷兰吐根堡羊及德国杂色改良羊等,对世界各地奶山羊的改良起了重要的作用。抗日战争前曾引入我国,饲养在四川、陕西、山西、东北等地。1982年四川省雅安市、1984年黑龙江省绥棱县、1999年陕西省眉县又分别从英国引入数十只进行纯种选育和杂交改良。

(二)外貌特征 体型略小于莎能奶山羊,也具有奶畜特有的楔形体型。被毛褐色或深褐色,颜面两侧各有1条灰白色的条纹,鼻端、耳缘、腹部、臀部、尾下及四肢下端均为灰白色,皮肤茄紫色。公、母羊均有须,部分无角,有的有肉垂。骨骼结实,四肢较长,蹄壁蜡黄色。公羊体长,颈细瘦,头粗大。母羊皮薄,骨细,颈长,乳房大而柔软。

(三)体尺体重 成年公羊体高80~85厘米,体重60~

80千克;母羊体高70～75厘米,体重45～55千克。

(四)生产性能　泌乳期为287天,产奶量为600～1 200千克,个体最高产奶量在瑞士为1 500千克,在美国为2 614千克。乳脂率为3.5%～4.2%,产羔率为173%,利用年限为6～8岁。

(五)适应性　体质健壮,性情温驯,适应性强,耐粗饲,对饲养管理条件要求不苛刻。遗传性能稳定,与地方羊杂交,能将其特有的毛色和较高的泌乳性能遗传给后代。公羊膻味小,母羊奶中的膻味也比较小。产奶量略低于莎能奶山羊。

三、努比亚奶山羊

(一)产地及分布　原产于北非的埃及、苏丹、利比亚、阿尔及利亚以及东非的埃塞俄比亚等国,现英国、美国、印度等国都有分布。我国在1939年曾引入数只,饲养在四川省成都,并用它改良过成都附近的山羊。1984年、1985年四川省简阳市和雅安市又两次从英国引入90只。1987年广西壮族自治区扶绥县从澳大利亚引入数十只。

(二)外貌特征　体格较小,头短小,鼻梁隆起,耳大下垂,颈长,头颈相连处呈圆形,躯干较短,尻短而斜,四肢细长。公、母羊无须,多数无角。毛色较杂,有暗红色、棕色、乳白色、灰白色、黑色及各种斑块杂色,以暗红色居多,被毛细短有光泽。乳房硕大,多呈球形。

(三)体尺体重　成年公羊体高80～84厘米,体重60～75千克;母羊体高66～71厘米,体重40～50千克。

(四)生产性能　泌乳期为150～180天,产奶量为300～800千克,个体最高产奶量在美国为2 009千克。乳脂率为4%～7%,1年可产2胎,每胎产羔率为190%。

(五)适应性 因原产于干旱炎热的地区,所以耐热性好,对寒冷潮湿的气候适应性差。用它来改良地方山羊,在提高肉用性能和繁殖性能方面效果较好。

四、改森奶山羊

(一)产地及分布 该品种是德国改森地区用莎能奶山羊与当地荷士山羊于1927年杂交育成的,现已分布于德国全境,数量约50万只。我国于1978年、1998年曾引入过极少量。

(二)外貌特征 公羊体质健壮,头短额宽,颈粗短,胸部宽深,体宽背长,四肢较短。母羊体型优美,头清秀,颈长,乳房呈球形。被毛白色,公、母羊均无角。

(三)体尺体重 成年公羊体高85～90厘米,体重80～110千克;母羊体高70～75厘米,体重50～70千克。

(四)生产性能 平均一个泌乳期产奶量达700～1 200千克,乳脂率为3.5%～3.9%,产羔率为200%左右。

(五)适应性 体质结实,适应性强,耐粗饲,对饲养管理条件要求不高,对山区有一定的适应能力。生产性能高,遗传力强,改良地方山羊效果明显。适宜机械挤奶。

第二节 培育名种

一、关中奶山羊

(一)产地及分布 陕西位于黄河中游,兼跨汉水上游。关中平原位于陕西省中部,南依秦岭,北抵陕北高原,由渭河及其支流泾河、洛河冲积而成,号称"八百里秦川"。陇海铁路、西宝高速公路穿境而过。其中心地区是西北农林科技大学所在的国家杨凌农业高新技术产业示范区。这里是世界著名的农科城,是我国农业教学、科研、生产、示范和推广的中心。其交通便利、环境幽雅、风景秀美、土地肥沃、物产富饶,是陕西省粮棉油和奶肉蛋的集中产地,也是我国奶山羊、秦川牛和关中驴三大名种的原产地。酸奶、干酪、果汁奶及奶粉等乳制品加工厂齐全。这些为关中奶山羊的选育创造了良好的条件。

关中奶山羊是目前我国培育的最优良的奶山羊品种,在世界上也非常著名。它是由1904年以后几次从加拿大、英国、德国等国引入陕西杨凌西北农林科技大学的瑞士莎能奶山羊作为父本或母本,与关中地区的高产奶山羊进行高代级进杂交,经过多学科的系统研究和近百年的精心选育而成的。其中心产区杨凌等地奶山羊的级进杂交已达70代左右,含瑞士莎能奶山羊的血液量高达99.99%以上。关中奶山羊具有体格大、产奶量高、繁殖力强、遗传稳定、适应性广和杂交改良地方山羊效果显著等特点。在世界上,它是我国奶山羊良种的典型代表,因此,又被誉为中国奶山羊。

关中奶山羊现有100多万只,主要分布在陕西关中平原各地,其中以西北农林科技大学所在地的国家杨凌农业高新技术产业示范区及眉县、千阳、扶风、富平、三原、泾阳等地的质量为优,数量为多,价格为廉。在这些地区,其优良个体的体型外貌、生长发育和生产性能已明显超过瑞士莎能奶山羊。关中奶山羊确实是"青出于蓝而胜于蓝"的我国奶山羊珍品。关中奶山羊中心产区杨凌亦是国家养羊示范基地,其在陕西的位置见117页附图。

(二)外貌特征 外形与莎能奶山羊相似。头长,颈长,体长,腿长,眼大,鼻直,嘴齐,耳长;体格高大,体呈楔形,细致紧凑,体质强健;被毛雪白,皮肤粉红,蹄壁蜡黄,四肢正直。公羊雄威,睾丸发达,母羊俊秀,乳房丰满。

(三)体尺体重 初生、断奶、周岁、成年时,公羊体高分别为34,57,70,80～110厘米左右,体重分别为3,22,42,75～100千克;母羊体高分别为32,55,65,70～100厘米左右,体重分别为3,20,36,50～70千克。有些农户饲养的羊,公羊体重可达100～120千克,母羊体重可达70～90千克。

(四)生产性能 年泌乳期为300天左右,产奶量在第一胎为600～900千克,第二胎为700～1 000千克,第三胎为800～1 200千克。有些优良个体,日产奶量可达6千克,年产可达1 500千克,终生(10胎,2 888天)可达10 669千克。个体最高产奶量日产达10千克,年产达2 168千克。乳脂率为4.2%左右。产羔率为208%,终生产羔数为25～30只。利用年限为12岁左右。

(五)适应性 适应性和抗病力强,耐粗饲,全国各地凡是人能生活的地方均可饲养。现已推广到台湾、香港、澳门、海南、福建、广东、浙江、江苏、黑龙江、吉林、新疆和内蒙古等全国各地40多万只。目前,关中奶山羊是全国最多的一个奶山羊品种,陕西关中地区也是全国最大的一个奶山羊繁育、推广基地。

(六)改良效果 用关中奶山羊的公羊实行级进杂交改良各地土种山羊,其一代改良羊比土种羊的体重提高20%～30%,产奶量提高50%～80%。二代改良羊的体重、产奶量继续提高。三代以后改良羊的体型外貌、体尺体重和产奶量与关中奶山羊非常接近。关中奶山羊现已杂交改良我国各地山羊300多万只。

(七)开发利用 关中奶山羊既可作为羊奶生产和奶山羊

育种的优良品种资源,又可作为羊肉生产和肉山羊育种的母系或父系品种资源。

1. **羊奶生产方面** 将关中奶山羊进行纯种繁育,或同其他品种奶山羊杂交一代化,生产羊奶,供人们饮用;繁殖种羊,用于奶山羊保种和向外推广。

2. **奶山羊育种方面** 作为奶山羊杂交改良育种的父系品种资源。如用关中奶山羊的公羊级进杂交改良崂山奶山羊、唐山奶山羊和延边奶山羊等。

3. **羊肉生产方面** 以关中奶山羊作为母本,以肉用山羊品种作为父本,对所生杂交一代进行肥羔生产。如用布尔肉羊的公羊与关中奶山羊的母羊进行杂交,所生杂交一代由于杂交优势的存在,其体重比亲代高20%～30%。所以,在肥羔生产中,常常推行杂交一代化的方法。

4. **肉山羊育种方面** 布尔山羊为世界肉羊名种,但目前国内数量少,价格高,群众购买有困难,所以必须采取纯种繁殖和杂交改良并举的办法。对广大地区和群众来说,就是要采取杂交改良育种的方法。

(1)作为肉山羊二元级进杂交育种的母系品种:以关中奶山羊为母本,以布尔肉羊为父本(本交或用鲜精、冷冻精液人工授精),级进杂交到三代以后(含布尔肉羊的血液为87.5%以上),性能就会近似布尔肉羊。关中奶山羊由于数量大、价格低、体型大、泌乳量高,以其为母本与布尔肉羊进行级进杂交育种,是当前我国发展布尔肉羊的重要途径之一。

(2)作为肉山羊三元杂交育种的父系品种:如对陕南白山羊的改良,先以关中奶山羊的公羊与其杂交,所生后代母羊再以布尔肉羊的公羊(本交或用鲜精、冷冻精液人工授精)与其杂交,所生三元杂交后代(含陕南白山羊、关中奶山羊、布尔山羊的血液分别为 25%,25%,50%)进行横交固定,可育成集布尔山羊、关中奶山羊和陕南白山羊的优良特性为一体的肉羊新品种。对我国各地的普通山羊品种,均可采取此种三元杂交育种的模式。

(3)作为肉山羊胚胎移植的受体品种:布尔肉羊需要量大,但其数量极少,为加快布尔肉羊纯种繁育的速度,可进行胚胎移植(借腹怀胎),即将供体布尔肉羊的胚胎(鲜胚胎或冷冻胚胎)移植在受体关中奶山羊的子宫内,使关中奶山羊产下布尔肉羊。关中奶山羊作为受体羊有三大优点:一是由于其体型大,可防止难产的发生;二是由于其价格低廉,可降低胚胎移植的成本;三是由于其产奶量高,可满足羔羊哺乳的需要。

5. 担负缺奶羔羊的保姆羊　关中奶山羊的产奶量是济宁青山羊、陕南白山羊及小尾寒羊等多胎多产羊产奶量的2～4倍,所以,可以用关中奶山羊来代养这些羊的缺奶羔羊。

关中奶山羊是我国珍贵的奶用山羊品种资源,市场需求量每年都在急剧上升,应给以政策上的保护和扶持,并应使其得到进一步的发展和提高。在关中奶山羊产区(陕西关中地区),特别是中心产区(杨凌农业高新技术产业示范区等地),应禁止用布尔肉羊大面积与关中奶山羊进行杂交。否则,我国就有丧失这一珍贵奶用品种资源的危险。

建议在适宜于发展肉用羊的地区(非常之多)规划和发展布尔山羊。

二、西农莎能奶山羊

(一)产地及分布　该品种是西北农林科技大学用从加拿大(1937)、德国(1978)和英国(1981)引入的瑞士莎能奶山羊经过数十年的纯种选育而成的。具有体格大、产奶量高、繁殖力强、遗传性稳定、适应性广、改良地方奶山羊效果显著等特点,是国内外著名的奶山羊品种。现已在西北农林科技大学周围地区推广、繁育数万只,主要分布在陕西杨凌农业高新技术产业示范区、眉县、千阳等地,集体与农户均有饲养,且以农户饲养的数量为多,可挑选余地大。

(二)外貌特征　外形与莎能奶山羊几乎一样。体质健壮,头长,颈长,体长,腿长,为白色短毛,乳用型明显。

(三)体尺体重　成年公羊体高80~95厘米,体重90~110千克;母羊体高72~76厘米,体重55~70千克。

(四)生产性能　年泌乳期为296天,产奶量为600~1 250千克,个体最高日产奶量达10.1千克,年产奶量达2 163千克,终生(10胎,2 974天)产奶量达10 751千克,乳脂率为3.5%~4%,产羔率为206%,利用年限为10岁左右。

(五)适应性　适应性强,全国各地均可饲养。该羊种羊场饲养的,近交系数比较高,最适宜于杂交改良其他山羊品种;而农户饲养的,由于群体大,不存在近交问题,因之,它既适宜于杂交改良其他山羊品种,又适宜于作商品羊直接产奶利用。

三、崂山奶山羊

(一)产地及分布　原产于山东省青岛市崂山区。该地东南临黄海,东北依崂山,气候温和,雨量适中,农业发达,饲料丰富,交通方便,是我国的旅游胜地。1904年法国人将莎能羊带入崂山,20世纪30年代日本、前苏联有人也将奶山羊带入该地,这些引入的羊与当地羊进行长期杂交,直至1991年经选育成为崂山奶山羊。它主要分布在青岛市各县,总数量约有14万只,中心产区崂山区有1万多只。

(二)外貌特征　乳用型明显,体质佳良,结构匀称。头长,额宽,鼻直,眼大,胸宽,背直,耳长直立,四肢健壮。公羊头大,颈粗,腹部紧凑,睾丸发达。母羊清秀,腹大而不下垂,乳房质地柔软,发育良好,乳头大小适中。被毛白色、较长,皮肤粉红色。

(三)体尺体重　成年公羊体高 86 厘米左右,体重 76 千克左右;母羊体高 72 厘米左右,体重 55 千克左右。

(四)生产性能　泌乳期为 285 天左右,产奶量为 630 千克左右,个体最高日产奶量达 7.2 千克,年产奶量达 1 300 千克,乳脂率为 3.7%,产羔率为 170%。

(五)适应性　适应性强,已推广到江苏、浙江等 10 多个省、市 3 万多只,对我国奶山羊的发展起了一定作用。今后应加强对公羊的选择和羔羊的培育,克服卧系、斜尻和乳房不整齐等缺点。

第四章　肉山羊名种介绍

第一节　国外名种

一、布尔山羊

近年来,布尔山羊(Ber Goat,也称波尔山羊),作为一个高产、优质、适应性强的肉用山羊品种,受到世界各国的普遍重视。引种繁育并与当地山羊进行杂交,以提高当地山羊产肉性能的国家达 20 多个。我国自 1995 年开始,从新西兰、德国等国引进少量布尔山羊,特别是从 1996 年在北京召开的第六届世界山羊大会以后,我国各地又进一步从国外引进布尔山羊。据不完全统计,截至2000年下半年,我国已有25个省、市、自治区,通过各种渠道,引入纯种布尔山羊4 000多只,这些羊在我国经纯种繁殖及胚胎移植又生了4 000多只,目前我国总共有纯种布尔山羊8 000只左右,主要饲养在陕西、江苏、安徽、河北等省。杂交试验表明,布尔山羊确能大幅度地提高当地山羊的生产性能。可以预料,布尔山羊的引进、繁育及大面积的杂交利用,将有力地推动我国肉羊产业的发展。

(一)起源及类型　布尔山羊是目前世界上惟一被公认的著名大型肉用山羊品种。关于它的起源,说法不一,一说来自南非,二说来自印度,三说来自欧洲。这三种来源均存在,但多数学者认为,布尔山羊是由移居南非的部落班图族人引入,含有印度山羊和欧洲山羊血缘,最终在南非经过一个多世纪的风土驯化与漫长的杂交选育而成。该品种可分为普通型、长毛型、无角型、土种型和改良型5类,其中改良型的羊,体型结构匀称,被毛色泽一致,具有初生重大、生长快、体格大、产肉多、肉质好、适应性强等非常优良的特性,被视为是最理想的类型。

(二)体型外貌　布尔山羊体型中等以上。头部坚实,棕色双眼大而温驯,额突出,鼻梁坚挺稍带弯曲;角坚实,长度中等而适度弯曲;耳大下垂,长度超过头长。颈部与体躯、前肢结合良好,肌肉丰满,胸宽且深,肋骨开张,背腰宽厚平直,后躯宽长丰满,四肢强健,结构匀称,高度适中。皮肤宽松,公羊颈部与胸部有明显皱褶,被毛短而有光泽,有少量绒毛,眼睑与无毛部有色素沉着。母羊有大而丰满的乳房,公羊有大而对称的睾丸。

(三)体尺体重　成年羊体尺体重在肉用羊及其他用途羊

中是比较大的。一般成年公羊体高为75~90厘米,体长为85~95厘米,体重为75~90千克(南非)、80~130千克(德国)、96~136千克(中国杨凌);成年母羊体高为65~75厘米,体长为70~85厘米,体重为50~60千克(南非)、50~75千克(德国)、64~89千克(中国杨凌)。

(四)生长发育 布尔山羊在优良的选择和营养水平条件下,初生、断奶(90日龄)、150日龄、210日龄、270日龄、周岁体重,公羊平均为:4.1,28,42,53,69,74千克;母羊平均为3.4,26,37,45,51,56千克。日增重,初生至90日龄时,公、母羔分别为291,272克;90~150日龄时,公、母羊分别为272,240克;150~210日龄时,公、母羊分别为245,204克;210~270日龄时,公、母羊分别为250,186克。在一般饲养条件下,周岁以内平均日增重为150~200克。生长发育速度,显著高于其他山羊品种。

(五)产肉性能 布尔山羊屠宰率在所有肉羊品种中是最高的。周岁时为50%,两岁时为52%,成年时为58%,平均为55%。肉骨比为4.7∶1,半岁前饲料转化率为1∶3.9。肥羔最佳上市体重为38~43千克,年龄为6~8月龄。布尔山羊瘦肉多,肉质细嫩,膻味小,肉鲜味美。

(六)繁殖性能 布尔山羊是多次发情动物,一年四季均可发情,但以秋季为多。性成熟早,初情期在4月龄,6月龄即可发情配种。但过早配种影响羊自身的发育,也影响繁殖成绩,应适当推迟配种年龄,一般以8月龄配种为宜。多胎多产,一般可2年产3胎或3年产5胎。在特定优厚饲养条件下,也可1年产2胎;胎产1~3羔,每胎产羔率为150%~250%。发情周期为21~22天,发情持续期为48小时左右,妊娠期为146~154天。产后90天以内的母羊,每天可产奶2.5千克,能满足双羔的哺乳需要。

（七）适应性　布尔山羊是对自然生态环境适应性最强的山羊品种之一。目前已被推广到世界大多数山羊生产国家，且表现出较好的繁殖能力和生长速度。引入我国陕西、四川、广东、山东、江苏、河南、河北、贵州等省几年以来，也表现出罕见的适应能力。它体质强健，性格温驯，四肢发达，善于长距离放牧；喜欢合群，爱好清洁，喜干燥凉爽，厌高湿高热，种用价值高，使用寿命长，繁殖年龄可达10岁左右。它不仅对寒冷环境的适应性强，而且能够适应内陆性气候和干旱缺水的沙漠气候，但对湿冷并存环境适应性较差。它采食的范围极为广泛，喜食鲜嫩的青绿饲料及脆香树叶，厌食腥膻味。采食频率在黄昏时最高，清晨时次之，中午和下午时较低。利用粗纤维的能力强。适宜于放牧加补饲的饲养方式。它抗病力强，对蓝舌病、肠毒血症、氢氰酸中毒、体内外寄生虫等疾病的抵抗力显著高于其他品种的山羊。

（八）杂交改良效果　在养羊生产中，布尔山羊主要用作杂交终端父本，可提高后代的生长速度和产肉性能。从布尔山羊与国内外诸多本地山羊品种杂交改良情况来看，均表现出明显的杂交优势，主要表现在杂交后代肉用性状明显改善，初生重、生长发育速度、体尺体重、屠宰率、胴体重等较同龄本地山羊显著提高，适应性进一步增强。实践证明，用布尔山羊杂交改良其他品种山羊，效果十分显著。布尔山羊确实是一个不可多得的杂交父本品种。

据报道，在非洲的留尼望岛，布尔山羊与当地的克里奥尔山羊杂交，1岁杂交一代羊体重较当地同龄羊重7.7千克，含1/4布尔山羊血统的斯里兰卡周岁公羊，体重较当地同龄公羊重10.5千克；布尔山羊与肯尼亚小东非山羊杂交种，周岁公羊体重较同龄小东非山羊重12.3千克；布尔山羊与新西兰绒山羊的杂交种，周岁母羊较当地同龄母羊重14千克。布尔山羊与我国鲁白山羊的杂种一代公、母羊，3月龄体重达到20千克和16千克，较同龄鲁白山羊重105%和93%；布尔山羊与四川当地山羊的杂交一代公、母羊体重，较当地山羊重30%～117%，3月龄公、母羊体重达到26千克和24千克，日增重达245克和230克，5月龄体重达34千克和30千克；布尔山羊与陕南白山羊杂交，初生及1～6月龄羊体重高于陕南白山羊62%～78%；布尔山羊与关中奶山羊杂交到第二代，6月龄公、母羊体重可达40千克和35千克，较同龄关中奶山羊提高15%～20%，三代杂交羊的体型外貌及生产性能已接近布尔山羊。

陕西省宝鸡市和西北农林科技大学养羊研究室，在布尔肉羊产业化开发中，传颂着一首"布尔肉羊产业歌"，现录之如下，供各地养羊人员参考。

布尔肉羊产南非，世界名种数第一。
不惜重金引宝鸡，纯繁杂交建基地。
世人都知宝鸡美，布尔肉羊显声威。
此种肉羊长得奇，外貌特征记心里。
头脸遗传很怪异，两边棕色中间白。
长头垂耳骡马鼻，嘴耳脖蹄为棕色。
圆桶体躯全身白，背腰平阔臀部肥。
性情温驯喜挤堆，放牧补饲好育肥。
采食灌木饮清水，喜燥恶湿怕料霉。
长年发情容易配，二年三胎没问题。
杂交改良效果好，快速生长无羊比。
防疫灭病按程序，有病早治寻兽医。

科学饲养要牢记,饲草饲料要备齐。
冬春防寒羊舍喂,四季归牧补料水。
耳标档案建仔细,标准管理创效益。
育成肉羊新品种,建成全国大基地。
争创效益三个亿,羊农致富笑咪咪。
给民造福尽全力,为国争光创业绩。

二、苏丹沙漠地山羊

原产于苏丹北部沙漠、半沙漠地带。公、母羊均有角,公羊角长,均呈弯曲、侧伸形状,耳中等长并下垂,体中等大小,毛短呈浅灰色,常有褐斑或黑斑。产羔率210%,6月龄时体重为67千克。但产奶量低。

三、卡毛尔山羊

原产于巴基斯坦。体型较大(成年公羊体重60千克,体高90厘米;成年母羊体重50千克,体高85厘米)。产羔率高(200%),被毛粗(98.6微米)短(4.8厘米),无髓毛很少(占4.9%)。产奶量中等(120天泌乳量为225千克)。耳长(20~25厘米),角长(13~15厘米)。

四、埃克梯克山羊

原产于墨西哥北部。具有体型较大(成年公羊体重70千克,母羊50千克),生长发育快(1月龄体重达10千克)和产羔率高(180%)等特点。

第二节 国内名种

一、南江黄羊

（一）品种来源　南江黄羊主产于四川省南江县,它是采用杂交育种方法,集聚努比亚羊、四川铜羊(成都麻羊)、金堂黑羊、本地山羊等品种的优良特性,经 30 多年有计划选育而形成的新品种。其品种的形成过程,大体经历了 4 个阶段,即经多品种生产杂交形成杂合子羊群阶段；经对比观测,择优组群进行横交选育形成育种基础群阶段；经有计划地按"以生产性能为主,结合外形建立群系"的原则,加强肉用性能选择形成新品种群的阶段；经按"加强本选、建立群系、提高品质、扩大群体"的技术路线连续攻关,形成新品种阶段。1995 年农业部邀请同行专家组成南江黄羊新品种审定委员会现场鉴定,1996 年国家畜禽遗传资源委员会派专家组对南江黄羊新品种命名现场复审,一致认定:南江黄羊有较大的群体数量,有共同的血缘来源,体型外貌一致,遗传性稳定,种质特性良好,适应性强,具备肉用山羊培育品种的条件,是目前国内肉用性能最好的山羊新品种。1998 年由国家正式命名"南江黄羊"为肉羊新品种。1999 年四川省技术监督局颁布了《四川省地方标准南江黄羊》(DB51/291-1999),从而使南江黄羊的鉴定、评级、选育和推广工作进一步走向了正规化的道路。

（二）外貌特征　被毛黄色,沿背脊有一条明显的黑色背线。毛短紧贴皮肤,富有光泽,被毛内侧有少许绒毛。有角或无角,耳大微垂,鼻额宽,体格高大,前胸深广,颈肩结合良好,背腰平直,四肢粗长,结构匀称。公羊颜面毛色较黑,前胸、颈肩、腹部及大腿被毛黑而长,头略显粗重。母羊颜面清秀,颈较细长,乳房发育良好。

(三)生产性能　体格高大。体重:成年公羊为60～80千克,平均为66.9千克;母羊为40～65千克,平均为45.7千克;羯羊可达100千克以上。体高:成年公、母羊分别在70厘米、65厘米以上。属于大型山羊品种。

生长发育快。哺乳期羔羊的平均日增重,公羊为176.2克,母羊为161.3克;6月龄的公、母羊分别可完成成年体重的41%和48%,体长的77%和79%,胸围的73%和75%。

繁殖力高。南江黄羊性成熟早,3～5月龄初次发情。母羊6～8月龄或体重达到25千克以上时,即可开始配种;公羊12～18月龄或体重达35千克以上时,即可用于配种。母羊全年发情,发情周期19.5±3天,发情持续期34±6小时,怀孕期148±3天,产后第一次发情31±6天,产配间隔69±10天。经产母羊年产1.82胎,胎产羔率200%,繁殖成活率达90%以上。

产肉性能好。在6,8,10,12月龄时胴体重分别可达8.8,10.8,11.4,15.6千克,屠宰率分别可达44%,47.6%,47.7%,52.7%,成年羯羊屠宰率可达55.7%。可早期(哺乳阶段)屠宰利用,在2月龄时胴体重为5.9千克,屠宰率为47.2%。最佳屠宰期在8～10月龄。肉质鲜嫩,营养丰富,蛋白质含量高,胆固醇含量低,膻味极轻,口感甚好。

板皮品质优。板皮质地良好,细致结实,薄厚均匀,抗张力强,延伸率大,弹性好。重要成革性能指标均达到轻工业部颁发的《山羊板皮正面服革标准》的要求。

(四)适应性及推广地区　南江黄羊适应性强,它不但适应于南方亚热带气候地区,而且也适应于北方部分半湿润易旱地区,特别是在推广到秦巴山区、太行山区、武陵山区、大凉山区、云贵高原、青藏高原以及东南沿海地区以后,表现出了非常优良的生态适应性。据统计,南江黄羊自育种群形成以来至今,已向全国22个省(市、自治区)及四川省内的170多个县(市),推广种羊5.5万只,在各地纯繁特别是杂交利用的效果很好。对我国特别是对南方地区肉用养羊业的发展,起到了巨大的推动作用,大大地加快了贫困山区群众致富的步伐,不少地方的农户,因饲养南江黄羊而大发"羊财"。

(五)杂交改良效果 用南江黄羊的公羊杂交改良各地的本地山羊,效果非常显著。据研究,杂交一代羊体重的杂交优势率可达18.5%～38.5%,与本地同龄山羊比较,体重提高了66.3%～111.3%。

(六)开发利用 一是进行纯种繁育,发展南江黄羊种羊;二是进行杂交改良,提高当地山羊的生产性能;三是进行多元杂交育种,创造肉用山羊新品种;四是进行杂交一代化,生产商品肥羔羊。

二、马头山羊

主产于湖南省常德、黔阳等地区和湖北省郧阳、恩施等地区。该品种体躯呈方形,头大小适中,公、母羊无角,两耳向前略下垂,胸部发达,背腰平直,后躯发育良好,体躯被毛以白色为主,次为黑色、麻色、杂色,毛短而粗。成年公羊体重44千克,母羊34千克,羯羊47千克。幼龄羊生长发育快,1岁羯羊体重可达成年羯羊的74%。育肥性能好,在放牧条件下,成年羯羊的屠宰率为62%。板皮幅面大、洁白、弹性好,且1张皮可取烫褪毛0.3～0.5千克,是优良的制笔料毛。性成熟早,母羊长年发情,产羔率190%～200%。

三、陕南白山羊

我国地方优良山羊品种,产于秦(秦岭)、巴(巴山)山区之间,现主要分布在陕南的商洛、安康、汉中各地,当地俗称该羊为狗头羊。该品种分长毛有角、长毛无角、短毛有角和短毛无角4种类型。被毛多为白色,有髯,颈短粗,胸部发达,肋骨开张,背腰平直,四肢粗壮,尾短上翘,体躯呈长方形。成年体重:公羊33千克,母羊27千克。6月龄羯羊平均体重22.2千克,胴体重11.1千克,屠宰率50%,净肉率40%左右。该羊性情温驯,性成熟早,四季发情,年产2胎,胎产2~3羔,也有4~5羔的,平均胎产羔率达259%。板皮是制革的上等原料。

四、黄淮山羊

主产于黄淮平原的广大地区。该羊具有性成熟早、生长发育快、板皮品质优良、四季发情及繁殖率高等特点。体型结构匀称,骨骼较细,分有角和无角两种类型。被毛白色,毛短有丝光,绒毛很少。成年公羊、母羊平均体重分别为34千克和26千克。肉质鲜嫩,膻味小,产区习惯于7~10月龄屠宰,此时胴体重平均为11千克,屠宰率为49.5%,而成年羯羊屠宰率为45.9%。板皮呈蜡黄色,细致柔软,油润发亮,弹性好,是优良的制革原料,亦是重要出口物资。一般母羊4~5月龄发情配种,1年2胎或2年3胎,每胎平均产羔率为239%。

五、雷州山羊

主产于广东省湛江地区徐闻县,分布于雷州半岛和海南省,是我国热带地区优良的山羊地方品种。以成熟早、生长发育快、肉质和板皮品质好、繁殖力高而著名。公、母羊均有角,颈细长,背腰平直,臀部倾斜,胸稍窄,腹大,乳房发育较好,被毛黑色为主,少数为麻色、褐色。成年公羊平均体重为49.1千克,母羊为43.2千克,是我国地方山羊品种中较大者。肉质好,脂肪分布均匀,无膻味,一般屠宰率为46%,经育肥的羯羊屠宰率可达50%～60%。性成熟早,母羊5～8月龄即可配种,有部分羊1岁即可产羔。多数母羊1年2胎,少数2年3胎,平均产羔率150%～200%。

六、宜昌白山羊

主产于湖北省宜昌、恩施、郧阳、孝感等地区。与马头山羊的主要区别是公、母羊有角(马头山羊无角),被毛白色(马头山羊以白色为主,以黑、麻、杂色为次),肉质细嫩等。板皮品质优良,平均产羔率为172.7%。

七、隆林山羊

主产于广西壮族自治区的隆林县。具有生长发育快、体大(成年公羊57千克,母羊45千克)、产肉多(屠宰率51.5%)和产羔率高(195.2%)等特点,但毛色较杂。

八、海门山羊

分布于江苏省南通地区海门、启东等市。为南方亚热带季风平原舍饲肉用山羊品种,其毛是制笔的上等材料。公、母羊均有角和髯,被毛白色,毛短而富光泽,体型小。成年羊体高56～61厘米,体长49～63厘米,胸围64～76厘米,体重22～30千克,屠宰率44%。3～5月龄性成熟,6～10月龄初配,长年发情,2年产3胎,妊娠期145～148天,每胎产羔率为229%。

九、铜 羊

又名成都麻羊。主产于成都市的大邑县及阿坝州的汶川县,分布于成都平原及其附近丘陵地区,目前已推广到陕西、湖南、河南等省。是南方亚热带湿润山区、丘陵地放牧加补饲、肉乳兼用型山羊品种。被毛赤铜色、麻褐色或黑红色,头部有"十字架"或"画眉眼",两颊各具一浅灰色条纹,背部有黑色脊线,肩部有黑纹且沿肩胛两侧下伸,四肢及腹部有长毛。公、母羊大多有角,少数无角。公羊及多数母羊有胡须,少数羊颈下有肉铃。头大小适中,颈肩结合良好,背腰宽平,四肢粗壮。公羊前躯发达,体型呈长方形;母羊后躯宽深,乳房丰满。体格较小,周岁公羊体重24千克,母羊20千克;成年公羊体重39千克,母羊30千克。周岁羯羊胴体重11千克,屠宰率45%。4~5月龄性成熟,12~14月龄初配,长年发情,年产2胎,经产母羊每胎产羔率210%。板皮致密,轻薄,张幅大,弹性好,深受国际市场欢迎。母羊泌乳期为4~6个月,泌乳量为240千克左右。

十、贵州白山羊

分布于贵州省遵义、铜仁地区的20多个县。是南方亚热带湿润丘陵山地补饲型肉用山羊。公、母羊均有角和髯,被毛白色,短毛。成年羊体高49~52厘米,体长56~60厘米,胸围68~70厘米,体重26~29千克。屠宰率为52.6%。4~5月龄性成熟,8~10月龄可初配,长年发情,以春、秋两季较多,年产2胎,妊娠期150天,胎产羔率为184%。板皮质地紧密,弹性好。

十一、龙陵山羊

分布于云南省的龙陵等县,是南方亚热带湿热半山区放牧加补饲型肉用山羊。公羊有向上向后扭曲1~2个弯的角,母羊无角,但有髯,被毛短,头肢红褐,背线黑色。成年羊体高65~69厘米,体长72~76厘米,胸围82~88厘米,体重42~49千克,屠宰率42%~55%。6月龄性成熟,8~10月龄初配,秋季发情,年产1胎,妊娠期152天,产羔率122%。

十二、都安山羊

分布于广西壮族自治区都安县,为大石山区放牧加补饲型肉用山羊。公、母羊均有角和髯,毛色有纯白、纯黑、麻色等,体矮胸宽腹围大,后躯发达。体高49~58厘米,体长63~72厘米,胸围67~81厘米,体重27~43千克,屠宰率44%~49%。4~6月龄性成熟,8月龄可初配,长年发情,年产1胎,妊娠期为151天,产羔率为129%。

十三、福清山羊

分布于福建省福清、平潭等县、市,是南方亚热带高温放牧加补饲型肉用山羊。公、母羊多数有角和髯,被毛黑褐,体躯近似长方形,肩、膝部有长毛。体高49~53厘米,体长55~58厘米,胸围69~72厘米,体重26~30千克,屠宰率56%。4月龄性成熟,6月龄可初配,长年发情,2年3胎或1年2胎,妊娠期150天,每胎产羔率为178%。

第五章　绒山羊名种介绍

第一节　白绒山羊名种

一、辽宁绒山羊

（一）产地　主产于辽宁省东部山区和辽东半岛，分布于盖州市、岫岩县、凤城县、庄河县、宽甸县、瓦房店市、本溪市、桓仁县等地。2000年初主产区有羊60万只左右。

（二）品种特性　具有体质强健、羊绒洁白品质好、产绒量高、适应性强、适合放牧饲养等特性。

（三）体型外貌　头小，额顶有长毛，颌下有髯。公、母羊均有角，公羊角大，由头顶部向两侧呈螺旋式平直伸展；母羊多为板角，向后上方伸展。颈宽厚，颈肩结合良好。背平直，后躯发达，四肢粗壮。尾短瘦，尾尖上翘。被毛白色，由丝样光泽无弯曲、长而粗的毛和纤维柔软的绒毛组成。

（四）生产性能　周岁公羊体重28千克，母羊24千克；成年公羊体重54千克，母羊37千克。产区每年3月末至4月初抓绒，然后剪毛。产绒量，成年公羊634克，个体最高记录为1 350克；成年母羊435克，个体最高记录为1 025克。绒纤维细度，成年公羊17.1微米，成年母羊16.3微米。绒纤维自然长度，成年公羊6.6厘米，成年母羊6.2厘米。绒纤维伸直长度，成年公羊9.6厘米，成年母羊8.3厘米。羊绒洗净率，成年公羊74%，母羊72.2%。

(五)产肉性能 成年公羊,宰前体重49.8千克,胴体重24.3千克,屠宰率50.7%,净肉重11.5千克,净肉率35.2%。母羊相应为41.5千克,20.7千克,52.7%,14.1千克,33.9%。

(六)繁殖性能 公、母羊5月龄性成熟,一般到18月龄配种。1年1胎,繁殖年限7~8岁。产羔率110%~130%。

(七)利用情况 1965年开始有计划地进行育种工作,于1983年通过鉴定,列入国家标准(GB-4630-84)。由于该品种体大、被毛白色、羊绒产量高、适应性强、遗传性稳定,在国内外享有盛名,备受北方山羊产区的青睐。自20世纪80年代初以来,已向国内18个省、自治区推广种羊8万多只。引入区除进行纯种繁殖外,用公羊作父本,改良本地低产山羊,收到明显效果,通过杂交在提高山羊绒产量方面做出了贡献。用辽宁绒山羊改良宁夏山羊,级进杂交二代产绒量成年公羊429克,母羊414克;绒纤维自然长度,成年公羊5.5厘米,母羊5.1厘米;绒纤维细度13.7微米。辽宁绒山羊同内蒙古伊克昭盟当地土种山羊进行杂交,杂交羊产绒量,成年公羊627克,母羊388克,比当地土种公、母山羊分别提高了360克和143克;杂交羊绒纤维自然长度5.8厘米,而土种羊大多数在3.2~3.5厘米之间。用其改良河北、陕西、山东、新疆、北京等地区的山羊,对羊绒产量和绒纤维长度的提高,同样也获得较明显的效果。同时辽宁绒山羊对内蒙古罕山白绒山羊和新疆白绒山羊新品种(北疆型)的培育也起到了极大的作用。

二、内蒙古绒山羊

(一)产地 产于内蒙古西部的二郎山地区(巴彦淖尔盟的阴山山脉一带)、阿尔巴斯地区(鄂尔多斯高原西部的千里山和桌子山一带)和阿拉善左旗地区。1988年内蒙古自治区人民政府正式命名该羊。据1999年统计,产区有绒山羊534万只。

(二)品种特性 属古老的地方良种,具有独特的体型外貌和良好的产绒性能及羊绒品质,有较强的适应性和抗病力,适宜于放牧饲养。由于产地不同,又分为二郎山、阿尔巴斯和阿拉善3个类型。

(三)体型外貌 公、母羊均有角,公羊角粗大,母羊角细小。两角向上向后向外伸展,呈扁螺旋状、倒"八"字形。背腰平直,体躯深而长。四肢粗壮,蹄坚实,尾短而上翘。被毛白色,由外层粗长毛和内层绒毛组成。根据粗毛的长短,又分长毛型和短毛型两类。长毛型主要分布在山区,体格大,胸宽深,四肢较短,被毛粗,毛长达15~20厘米或以上,洁白呈丝光,净绒率高。短毛型主要分布在梁地或沙漠、滩地,体质粗糙,两耳覆盖短刺毛,鬐短,额毛长8~14厘米,绒毛短而密。

(四)生产性能 成年公羊体重48(27~75)千克,母羊27(18~47)千克。平均产绒量,成年公羊385克,成年母羊305克。绒纤维自然长度,公羊7.6厘米,母羊6.6厘米。绒毛细度,公羊14.6微米,母羊15.6微米。粗毛长度,公羊17.5厘米,母羊13.5厘米。净毛率,二郎山型成年公羊56.6%,母羊50.1%;阿尔巴斯型成年公羊68%,母羊70%;阿拉善型长毛羊64%,短毛羊52%。肉质细嫩,肌肉脂肪分布均匀。成年羯羊屠宰率为46.9%,母羊为44.9%。板皮厚而致密,富有弹性,是制革的上等原料。

(五)繁殖性能 公、母羊5~6月龄达性成熟,1.5岁初配,公羊2~4岁配种能力最好,母羊3~6岁繁殖能力最强。繁殖年限8~10岁。产羔率为103%~105%。

（六）利用情况　内蒙古绒山羊是我国最优良的绒山羊品种之一。分布广，类型多，性能存在差别。今后应进一步加强选育提高，并应加快优质群体数量的发展。

三、河西绒山羊

（一）产地　主产于甘肃省肃北蒙古族自治县和肃南裕固族自治县，分布于酒泉、张掖和武威地区，有羊 37 万只左右。

（二）品种特性　具有适应高山放牧、采食性好、抗病力强的特性。

（三）体型外貌　公、母羊均有弓形的扁角，公羊角较粗长，向上向外伸展。四肢粗壮。被毛以白色为主，次为黑、青、棕色。被毛由外层粗毛和内层绒毛组成。

（四）生产性能　周岁体重，公羊 20 千克，母羊 18 千克；成年公羊体重 39 千克，母羊 26 千克。每年春季抓绒，之后剪毛。平均产绒量，成年公羊 324 克，母羊 280 克。绒纤维自然长度，公羊 4.9 厘米，母羊 4.3 厘米。绒纤维细度，公羊 15.6 微米，母羊 15.7 微米。净毛率 50%。羔羊前期生长快，5 个月龄体重可达 20 千克。成年母羊屠宰率为 44% 左右。

（五）繁殖性能　公、母羊 6 月龄左右性成熟，18 月龄初配。多数羊配种季节在秋季，实行自然交配，1 年 1 产，1 胎产 1 羔。

（六）利用情况　对于肃北、肃南地区少数民族来说，河西绒山羊既是生产资料，又是生活资料，除产绒毛外，母羊产羔后又可挤奶。今后应加强选育，扩大白色被毛群体数量，提高产绒性能。不留作种用的公羔，应利用其生长快的特点，进行肥羔生产。

四、乌珠穆沁白绒山羊

(一)产地　主产于内蒙古自治区锡林郭勒盟东乌珠穆沁旗和西乌珠穆沁旗。1991年内蒙古自治区人民政府正式命名该羊。目前,符合品种标准的羊有50万只。

(二)品种特性　属典型草原型绒肉山羊,具有体大、抗逆性强、早期生长发育快、抓膘能力强的特点。

(三)体型外貌　面部清秀,鼻梁平直,公、母羊均有角,体大,体质结实,结构匀称,胸宽深,背腰平直,四肢粗壮,蹄坚实,行动敏捷。被毛纯白色,分长毛型和短毛型两种。短毛型数量多于长毛型,其绒毛与粗毛长度几乎相符。

(四)生产性能　成年公羊体重56千克,母羊36千克;育成公羊体重33千克,母羊26千克。平均产绒量,成年公羊512克,母羊441克,育成公羊381克,母羊380克。绒纤维自然长度,成年公羊4.4厘米,母羊4.2厘米。绒纤维细度15.6微米。

(五)产肉性能　8月龄羯羊宰前活重29.2千克,胴体重11.5千克,屠宰率42%,净肉率29.4%;1.5岁羯羊相应为36.5千克,14.3千克,43.4%,29.4%;2.5岁羯羊相应为55.7千克,27千克,48.5%,32.5%。肉质细嫩,瘦肉比例高,无膻味。

(六)繁殖性能　性成熟早,6月龄即可配种受胎。配种季节在10~11月份。经产母羊产羔率为115%,双羔率为20%。

(七)利用情况　乌珠穆沁白绒山羊,属长期选育而形成的新品种,今后应尽可能利用高产绒性能公羊配种,进一步加强选育,提高羊绒品质。

第二节 紫绒山羊名种

一、太行山羊

(一)产地　产于太行山东西两侧的晋冀豫3省接壤地区。山西境内分布在晋东南、晋中两地区东部各县,河北境内分布于保定、石家庄、邢台、邯郸地区京广线两侧各县,河南境内分布于林州、安阳、淇县、博爱、沁阳及修武等县、市的山区。据1999年统计,产区有羊250余万只,以山西、河北两省分布数量较大。

(二)品种特性　具有体质健壮,对山区终年放牧适应性强的特性。

(三)体型外貌　头大小适中,耳小向前伸。公、母羊颔下有髯,大部分有角,少数无角或有角基。角型有两种:一种角直立扭转向上,少数在上1/3处交叉;另一种角向后两侧分开,呈倒"八"字形。颈短粗,胸深宽,背腰平直,后躯比前躯高。四肢强健,蹄质坚实。尾短上翘,被毛以黑色为主,少数为褐、青、灰、白色。被毛由长粗毛和绒毛组成。

(四)生产性能　成年公羊体重36.7千克,母羊32.8千克;育成公羊体重23千克,母羊22千克。平均产绒量,成年公羊275克,母羊160克。绒纤维自然长度2.4厘米,绒纤维细度14.2微米左右。

(五)产肉性能　2.5岁羯羊,宰前体重39.9千克,胴体重21.1千克,屠宰率52.8%,净肉率41.4%。肉质细嫩,脂肪分布均匀。

(六)繁殖性能　公、母羊一般在6～7月龄性成熟,1.5

岁配种。产羔率120%左右,但分布在河北省的较高,达143%。

(七)利用情况　太行山羊因分布区域广,性能差异大,应加强选育,提高产绒量及产肉性能。有条件的地区,可引入白色绒山羊对其改良,增加白绒产量,提高经济效益。

二、子午岭山羊

(一)产地　主产于甘肃省庆阳地区的华池、环县、合水等县和陕西省榆林、延安地区各县。1999年底有羊200余万只,甘肃省占总数的35%,陕西省占65%。

(二)品种特性　具有登山爬坡和放牧采食力强、适应当地生态环境、抗病力和抓膘能力强的特点。

(三)体型外貌　公、母羊均有角,角形有两种,大部分呈倒"八"字形,一部分从角基开始向上向后向外伸展。公羊角较粗大,耳较长,颌下有髯,少数颈下咽喉处有肉垂1对。体躯近方形,结构匀称,背腰平直,后躯略高,四肢粗壮,蹄坚实,角和蹄呈灰色,尾短上翘,被毛大部分为黑色,少数为青、白色及花色。被毛由外层粗长、亮泽、略带弯曲和内层纤细的绒毛组成。母羊乳房发育良好。

(四)生产性能　成年公羊体重25.7千克,母羊21.2千克。平均产绒量,成年公羊190克,母羊185克,羯羊215克。绒纤维自然长度3.2厘米,绒纤维伸直长度4.8厘米,细度14微米。

(五)产肉性能　在全年放牧条件下,抓膘能力强,肉质好。羯羊屠宰率47.6%,净肉率42.5%。

(六)繁殖性能　母羊6月龄左右性成熟,8月龄配种,一生产羔6~8胎。大多数母羊在2~4月份产羔,产羔率

100%~121%。

（七）利用情况　子午岭山羊属地方未经系统选育品种，能产紫羔皮和紫绒。今后产区应制定选育计划，有目的地进行提高羊绒产量和品质的选育工作；同时也应利用该品种周岁前生长快及抓膘能力强的特点，进行羔羊肉生产。

第六章　羔皮、裘皮与毛用山羊名种介绍

第一节　羔皮山羊名种——济宁青山羊

羔皮山羊是指专门生产羔皮用的山羊，其著名品种是济宁青山羊。该羊产于山东省济宁、菏泽两地区（鲁西南地区），现已推广到全国十几个省、市，是我国独具特色的猾子皮山羊品种。该品种体格小，成年公羊体重30千克，母羊26千克，群众称之为狗羊。公、母羊均有角，有髯，额顶有卷毛，体呈方形，四肢短而结实。其被毛由黑、白两种毛纤维混生而构成青色，角、唇、蹄也皆为青色，前膝为黑色，故有"四青一黑"的特征。因黑、白毛比例的不同，可分为正青色、铁青色和粉青色。成熟早，繁殖力强。羔羊生后40～60天就可发情，周岁以前就可产第一胎。长年发情，母羊1年2胎或2年3胎，一胎多羔，年平均产羔率293.7%。羔羊出生后1～3天屠宰剥皮，毛色黑白相间，具有波浪形花纹，光泽悦目。猾子皮轻薄美观，制翻毛皮衣和帽、领等，在国际市场上为畅销商品，享有盛誉，是我国传

统的出口物资。

据2000年初统计,全国有青山羊280万只。成年母羊春末夏初可抓绒30~300克,绒长3~4厘米,绒细12.8微米。

第二节 裘皮山羊名种——中卫山羊

裘皮山羊是指专门用于生产裘皮的山羊,其著名品种是宁夏中卫山羊。

(一)产地 主产于宁夏回族自治区西部和西南部、甘肃省中部,中心产区是宁夏的中卫县,甘肃的景泰、靖远县。

(二)品种特性 被毛品质好,主要生产优质二毛皮,是羔羊生后35天内宰杀的毛皮。羊毛、羊绒均为珍贵的衣着原料。本品种具有适应半荒漠草原、抗逆性强、遗传性稳定的特性。

(三)体型外貌 体格中等大小,体质结实,身短而深,近似方形。公、母羊均有角,公羊角大,呈半螺旋形弯曲,向上向后外方伸展,长度35~48厘米;母羊角小,呈镰刀状,向后下方弯曲。额部着生毛绺,垂于眼部,颌下有髯。被毛白色。

(四)生产性能 秋季体重,成年公羊35~45千克,母羊25~35千克。屠宰率46.4%,产羔率103%。羔羊生后35天左右屠宰,剥取的二毛皮花穗美观,毛股长达7~8厘米,洁白无瑕,光泽悦目,轻便,不粘结,可与滩羊二毛皮媲美,但手摸时较滩羊二毛皮粗糙,故称沙毛皮。产绒量,公羊164~240克,母羊140~190克。绒纤维自然长度6.5厘米,细度14微米。

(五)利用情况 属我国生产优质二毛裘皮的山羊,先后被西北、东北、华南、西南等地18个省、自治区引入万余只,改良当地山羊,都能将毛色、花穗、弯曲遗传给后代。近年来,产区曾引入安哥拉山羊对其杂交,试图发展我国毛用山羊。但应特别注意保护优质二毛品质。

第三节 毛用山羊名种——安哥拉山羊

毛用山羊是指专门用于生产羊毛的山羊,其著名品种是安哥拉山羊。它原产于土耳其的安哥拉地区,该地区为山区,海拔高度1 000米左右,气候干燥,气温夏季可达30℃,冬季可达−20℃,年降水量300~400毫米,春季干旱,草场贫瘠。安哥拉山羊是一个古老的培育品种,早在2 500年前就开始被人们所培育。由于安哥拉山羊能生产有价值的、光泽良好的羊毛,所以从16世纪至19世纪中叶逐步出口到一些国家。目前,土耳其约有600万只,年产毛量768万千克;美国约有300万只,年产毛量420万千克。我国已于1985年引入,主要饲养在陕北地区。安哥拉山羊是世界上山羊中著名的毛用品种,它所产的羊毛被称为"马海毛"。马海毛可以制作车辆窗帘、绳索、毛带、毯子、人造裘皮、衣服衬料及男用夏季服装等。

(一)外貌特征 全身白色,被毛由波浪形或螺旋状的毛辫组成,毛辫长可垂至地面,仅有头及腿生有短刺毛。体格中等,有角,颜面平直,耳大下垂,颈部短细。

(二)生产性能 成年公羊体重50~55千克,母羊32~35千克。剪毛量,成年公羊4~6千克,母羊3~4千克。净毛率65%~85%,毛为同质半细毛,细度50支,全年毛长30厘米。性成熟晚,一般1岁半配种,繁殖力低,多为单胎。

(三)杂交育种 以安哥拉山羊为父本,我国地方粗毛山羊为母本,采用简单育成杂交的方法,可育成新的毛用山羊品种。新品种吸收了安哥拉山羊羊毛的优点,保留了当地山羊的体重、繁殖力和良好的外形。在杂交育种的过程中,最好利用优良的二代杂种羊作为培育的基础羊。陕北地区用安哥拉山羊与当地山羊杂交,改良效果十分明显。

(四)适应性 适应干燥的大陆性气候,对潮湿、多雨的地区不适应。我国北方很多省、自治区的自然条件适于发展安哥拉山羊,可引进饲养这一品种。

第七章 肉脂绵羊名种介绍

第一节 国内名种

一、小尾寒羊

(一)产地和分布 小尾寒羊是我国乃至世界著名的肉脂和裘皮兼用、多胎、多产的地方优良绵羊品种。具有繁殖力高、早熟、生长发育快、体格高大、产肉性能高、裘皮品质优、遗传性能稳定和适应性能强等优良特点。被称为是中国的"国宝",是世界的"超级绵羊"及"高腿绵羊"品种。它主产于山东、河北、河南、江苏、安徽和山西6省相互交界地区,且以山东省西部、河北省南部、河南省北部为多为好。特别是山东省梁山县,其小尾寒羊资源丰富,质优价廉,存栏数量目前已达到43.5万只。该品种现已分布于陕西、宁夏、甘肃等20多个省、自治区和直辖市,特别是陕北吴旗县,近年来产业化开发小尾寒羊,发展速度迅猛,其存栏数量目前已达到10万只左右。近年来有向东北和西南方向发展的强大趋势。其数量,在主产区约

150万只,加上推广的100万只及其繁殖量,总计约300万只。

(二)品种形成　小尾寒羊为蒙古羊的亚系,迄今已有2 000余年繁育史。随着时代的推移、社会的变革、民族的迁移、贸易的往来,使这种生长在草原地区、终年放牧的蒙古羊逐渐繁殖于中原地区。由于气候条件和饲养条件的改善,以及经过长期的选育,使蒙古羊逐渐变成了具有新的特点的小尾寒羊。

主产区属于黄淮冲积平原,为大陆性气候区。地势较低,平均海拔50米左右。气候温和,年均气温11℃～15℃,1月份为-14℃～0℃,7月份为24℃～29℃,年降水量500～900毫米,无霜期160～240天,日照2 200～2 500小时。产区是我国粮食主产区之一,农作物1年2熟或2年3熟,供羊饲用的饲草饲料十分丰富。产区地势平缓,无大面积天然草场可供放牧,其饲养方式常以舍饲或半舍饲(辅以拴牧、牵牧或小群放牧)为主。小尾寒羊是在这种优越的自然条件和经过长期人工选择与精心培育下而形成的。

(三)外貌特征

1. 体型　长而高大,鼻梁隆起,耳大下垂,四肢细高。公羊体躯丰满紧凑,头大颈粗,良种高达1米以上;母羊体躯为圆桶状,侧视呈方形,后视呈倒"U"形,头小颈细,眼皮较薄,呈粉红色,后躯发达,良种高达90厘米左右。

2. 角型　公羊有粗大的螺旋形角,角基呈方形者优,少数角向外翻,状如帽翅;母羊多有镰刀状角及姜芽状角,极少数为鹿角状角,无角者甚少。

3. 尾型　尾巴较短,长不超过飞节(后膝)。呈椭圆形,尾巴的下端中间有一纵沟,尾尖向上翘,紧贴于尾沟,状似秤钩

(向上翻)。

4. 毛型 小尾寒羊有3种毛型。一是粗毛型:毛直而粗硬,无弯曲,被毛松散,毛干枯而少油汗,主要用于织地毯。二是半细毛型:毛较细密而柔软,弯曲较少,有油汗而不多。三是裘毛型:毛弯曲明显,花穗美丽,羔羊更为突出。

5. 毛色 体躯被毛白色,少数个体头部、四肢有杂色斑点或杂色毛。

(四)体尺体重 各年龄阶段公、母羊体重分别为,初生重:3.8,3.6千克;3月龄重:22,20千克;6月龄重:38,35千克;周岁重:75,50千克;成年重:100,60千克以上。

公、母成年羊体尺分别为,体高:91,77厘米;体长:92,76厘米;胸围:107,88厘米;尾长:25,24厘米;尾宽:21,15厘米左右。

优良的小尾寒羊在良好的饲养管理条件下,个体体重最高记录:3月龄可达30千克,6月龄可达50千克,周岁可达100千克,成年可达130~180千克。养羊能手王夏青饲养的88号母羊,体高达105厘米,体重达130千克;99号公羊,体高达126厘米,体重达168千克。在世界养羊业品种中个头堪称最大,被称为"高腿羊"及"超级羊"品种。

(五)生产性能

1. 繁殖性能 5月龄即可发情,6~8月龄即可配种,当年即可产羔。全年发情,而多集中于春、秋两季。发情周期约17~21天,发情持续期约36小时,妊娠期约148~152天,1年2胎或2年3胎,每胎2~4只,也有达6~8只的。产羔率:每胎初产母羊200%,经产母羊300%,大群平均260%以上,每年(若1年2胎)相应为400%,600%,520%左右。公、母羊的繁殖利用年限为6~8岁。产羔数是普通羊的数倍,在世界

"羊族"产量中堪称最高,被国家定为优级名畜良种。英国前首相撒切尔夫人誉其为"中国国宝"。

2. 产肉性能　周岁羊体重75千克,胴体重42千克,净肉重35千克,屠宰率为56%,净肉率为47%。3月龄羔羊体重22千克,胴体重12千克,净肉重9千克,屠宰率为55%,净肉率为41%。肉质细嫩,鲜美多汁,香而不腻,鲜而不膻,在美味中堪称一绝,餐桌竞争力强,市场卖价高,在世界羊类肉质中堪称最佳。

3. 毛皮品质　毛皮按毛型分为裘皮型、细毛型和粗毛型3种。其中裘皮型(羔羊皮板)毛股清晰,花形美观,呈波浪状,制作裘皮大衣深受欢迎,闻名全国。大羊皮板质地坚韧,富有弹性,适宜制革。

4. 产毛性能　产毛量中等:年剪毛2次,每次公羊在3.7千克、母羊在2千克左右。毛较长:生长1年,毛长12厘米左右,每次剪毛时毛长6厘米左右。羊毛不同质:分为半细毛型、裘皮型和粗毛型3种。

5. 生长速度　生长快,成熟早。优良个体,羔羊日增重可达300克以上,周岁体重可达95千克,成年体重可达130~182千克。体尺体重在周岁时已占到成年时(3岁)的85%。

(六)经济效益　在陕北等地,山地开荒种粮每年每667平方米收入仅为100元左右,若将山地退耕种草养羊,则667平方米山地所产的草,可饲养1只繁殖母羊,这只母羊每年2胎,最少可出栏4月龄种羊或育肥羊5只,经济收入将达1000元以上。由此可见,山地退耕种草养羊的经济效益,将是山地开荒种粮的10倍以上。

养羊能手刘国强1998年购回8母2公10只小尾寒羊进行舍饲,2年来综合收入21600多元,年均综合收入10800多元,是传统散牧山羊的20多倍。1头猪的饲料可养5只小尾寒羊,每年最少可产羔羊20只,羔羊在6月龄时可达到35千克以上,20只共可达700千克以上,2001年活羊价格为每千克6元,则可收入4200元以上,如果饲养得好,够种羊条件,价格还会成倍增加。

小尾寒羊适应性、免疫力、抗病力强,北方、南方、中原,草原、平原、山区均可饲养,耐粗饲,易管理,饲养费用低,产出价值高,在整个高效畜牧业珍品开发中效益堪称最好。

由于市场不断变化,各地经济效益可能有所不同,但饲养小尾寒羊确实是群众脱贫致富的一条好门路。

(七)生态作用　在干旱半干旱地区、黄河上中游流域、黄土高原丘陵沟壑区,放牧土种山羊的办法往往使植被更加稀疏,水土更加流失。为了建设秀美山川,为了脱贫致富,在这些地区应该换土种羊为良种羊,变放牧为舍饲,即应该选择圈养小尾寒羊。

小尾寒羊不但经济效益高,而且适宜于舍饲,舍饲有利于保护植被,改善生态环境,促进农、林、牧各业协调发展。

(八)适繁地区　小尾寒羊虽是蒙古羊系,但由于千百年来在鲁西南地区已养成"舍饲圈养"的习惯,舍饲圈养能使日晒、雨淋、严寒等自然条件得到调节,能使灾害性气候的危害程度得到缓解,能使羊的抗逆性增强,因此,小尾寒羊有广泛的适繁地区。实践证明:凡是人能生活的地方,只要能坚持舍饲不跑山,采取小群体、大规模的饲养方式,创造干燥凉爽的环境,保持圈舍干净卫生,通风透光,宽敞疏散,饲养小尾寒羊就能成功。

从1980年以来,小尾寒羊已推广繁殖于陕西、甘肃、宁夏、黑龙江、内蒙古、云南、贵州、江苏、浙江、北京、天津及上海等省、自治区、直辖市。特别是在贫困地区,不但引种开发的数量大,而且还积累了退耕种草舍饲养羊、发展秸秆高效畜牧业、小群体大规模饲养、职工(干部)联农户的投资饲养分成措施及公司加基地(种羊场)加农户的产业化开发模式等扶贫奔小康的成功经验。

小尾寒羊特别是主产于山东省梁山县一带的鲁西小尾寒羊,归纳上述介绍内容,至少具有21项优点:①生长发育快;②体型长而高大;③产羔多;④四季发情,长年配种;⑤杂草、秸秆和落叶等都可饲喂,极耐粗饲;⑥不啃树皮,与植树造林没有矛盾,利于生态农业建设;⑦公羊雄性好,争强好胜,喜顶斗,可开展斗羊选种活动;⑧母羊恋仔,母性极好;⑨母羊乳房发达,奶头大,泌乳性能好;⑩不怕寒冷,生命力强;⑪耐逆性好,抗病力强;⑫羊随人走,可牵着放牧;⑬吃草快,在青草旺盛季节,早晨及傍晚仅两小时就能吃饱,不需要全天放牧;⑭肉质鲜嫩,没有膻味;⑮裘皮型毛可制裘装,半细毛型毛可纺毛线,粗毛型毛可织地毯;⑯皮张宽大,而且皮厚,可以割3层,经济价值高于山羊皮;⑰热不挤堆;⑱屠宰率、净肉率等都不低于其他绵羊,出肉率高;⑲因圈养而积肥量大,为种植业提供有机肥多;⑳早晚人闲时游牧或舍饲,养两三只可以不占专门劳力,不耽误正常工作,节省劳力和时间;㉑在北方出绒多,"百斤体重一斤绒",经济效益高。

二、同羊及其多胎高产类型羊

(一)同羊　同羊又名同州羊,亦称茧耳羊。该羊是西魏时(公元541年)由皇家在同州(今陕西省大荔县)沙苑地区设场、选育而成的品种。现主要分布于陕西省渭北高原东部和中部的白水、合阳、澄城、韩城、淳化等16个县、市,是我国著名的肉毛兼用脂尾半细毛地方绵羊品种,迄今已有1 200余年的繁育史,现有近20万只。该羊具有肉质鲜美,肥而不腻,肉味不膻,脂尾较大,骨细而轻,被毛柔细,羔皮洁白,美观悦目,经济早熟,全年发情,遗传性稳定和适应性强等特点,是我国将多种优良遗传特性结合于一体的独特绵羊品种,也是发展肉羊生产与培育肉羊新品种的优良种质资源。它的优质肉品和精美羔皮成为历代皇室收纳的传统重要贡品。陕西关中和渭北地区久负盛誉的"羊肉泡馍"、"水盆羊肉"和腊羊肉等肉食,素以"同羊"肉为上选,所产优质半细毛又是我国毛纺工业急需的毛纺原料。这就是同羊虽产羔率低,而却能久繁不衰,并备受欢迎的真谛所在。正如我国著名畜牧专家、中国农业大学蒋英教授评价说:同羊将优质半细毛、羊肉、脂尾和珍贵的毛皮集于一身,这不仅在中国,就是在世界上也是稀有的绵羊品种,堪称世界绵羊品种资源中非常宝贵的基因库之一。新中国成立以来,同羊曾出口朝鲜和销到省外各地,繁育良好。

(二)多胎高产类型同羊 现代优良肉羊品种必须具有良好的繁殖性能(多胎多产),这样才能奠定高效生产的基础条件和适应国内外蓬勃发展的商品肉羊市场的需要。同羊产羔率低,而小尾寒羊产羔率高,所以同羊导入小尾寒羊血液势在必行。但以导入多少血液为宜,寒、同羊的最佳基因组合是什么?为此,马章全等人从1987年开始,在渭北同羊科研基地开展了同羊导入小尾寒羊血液(基因)的试验研究。结果表明:以导入小尾寒羊1/2血液(基因)的群体进行自繁、选育和扩群的综合品质最好。据此,产区内进一步开展了有计划的杂交改良工作,以提高群体质量和扩大群体数量;此外,从20世纪30年代开始,群众自发引进小尾寒羊与同羊杂交改良形成的寒同混血羊,进一步进行了选育,并按标准进行类型归属。目前这些经过有计划杂交改良和类型归属的同羊,即同羊多胎高产类型羊,约有8万只。这些羊深受广大群众的青睐,已有1万多只推广到北方数省、自治区。其主要特点如下。

1. 外貌特征　体质结实,体躯侧视呈长方形。头颈较长,鼻梁微隆,耳中等大;公羊具小弯角,角尖稍向外撇,母羊约半数有小角或栗状角;前躯稍窄,中躯较长,后躯较发达;四肢坚实而较高;具短脂尾,以方形尾和圆形尾多见,另有三角尾、小圆尾等,尾沟均不明显,尾尖上翘或微下垂;全身主要部位毛色纯白,部分个体眼圈、耳、鼻端、嘴端及面部有杂色斑点或少量杂色毛,面部和四肢下部为刺毛覆盖,腹部多为异质粗毛和少量刺毛覆盖。

2. 生长发育　经济早熟性好,周岁公羊体重可达成年公羊体重的91.8%,周岁母羊达87.9%。因此,群众有"一年成羊"之说。由于普遍重视对种公羊的培育,因而各生长发育月龄段的公羊体重都极显著地高于母羊。

3. 体重　成年公羊体重平均65.5千克,成年母羊46.2千克;育成公羊体重平均60.2千克,育成母羊40.6千克。

4. 产肉性能　1~1.5岁羯羊的平均屠宰率为54%,净肉率为44%;当年肥羔屠宰率为50%以上。

5. 产毛量　成年公羊全年剪毛量(春毛和秋毛,剪3次的还有伏毛)平均为1.6千克,成年母羊为1.3千克,产毛量较低。

6. 被毛品质　具有同质和基本同质的半细毛个体达86%,而异质毛个体为14%。全年毛长13.1~14.2厘米,净毛率平均为73.3%,其中公羊76.1%,母羊70.4%。

7. 繁殖性能　基本为全年发情,惟酷热和严寒时短期内不发情;性成熟期较早,母羊5~6月龄即可发情配种,公羊8

月龄即可使用;发情持续期1～2.5天(24～60小时),妊娠期145～150天,平均产羔率190%以上,羔羊断奶成活率在88%以上。可年产2胎,营养条件稍差者,实现2年产3胎是普遍的。

8. 适应性　多胎高产类型同羊对渭北半湿润易旱区的生态条件具有很好的适应能力;既可舍饲,又能放牧,放牧游走性能好,抗逆性颇强,即使在冬、春季灌丛草场草生状况不良、缺乏补饲的情况下,仍能正常妊娠和产羔。群众称赞多胎高产类型同羊,易饲养,生长快,肉质好,毛皮优,效益高。

9. 种用价值　该羊后裔品质普遍良好,体型外貌基本趋于一致,主要生产性能显著优于原来的同羊,且能较稳定地遗传给后代。多年来,推广到外省、自治区后,表现出较好的利用效果和很强的适应能力。

同羊多胎高产类型羊,种用价值高,是陕西省广大农民群众和西北农林科技大学马章全教授等科技人员,经过长期共同努力,初步培育成的一个优良的多胎高产肉用绵羊群体。

三、阿勒泰羊

主产于新疆维吾尔自治区阿勒泰山南麓的福海、富蕴诸县,产区为哈萨克民族聚居区。该羊是我国又一珍贵的草原肉羊业发展中生产肥羔肉的独特肉脂型品种。特别是在放牧育肥条件下生长发育快,早熟,体格大,产肉性能好,适应性强。平均体重公、母羊分别为:5月龄34,38千克;1.5岁61,53千克;成年93,68千克。羯羊5月龄可达38千克。胴体重可达20.5千克,屠宰率51%～53%。被毛杂色、异质、干死毛多,剪毛量公羊2千克,母羊1.6千克,净毛率71.2%,产羔率110.3%。

四、阿勒泰肉用细毛羊

主产于新疆维吾尔自治区阿勒泰地区,现有5万余只。1993年通过农业部鉴定验收,1994年5月定名。由数量众多的自选品系构成主体品系,另有长毛型和产肉性能高的两个品系,是我国育成的第一个肉用细毛羊新品种。公、母羊均无角,将长细尾的一段截断后留存有三角形小脂尾。以体大(初生重4.5～4.9千克,断奶重25.6～29.9千克,周岁重34.1～48.4千克,特殊培育的周岁公羊重87～97.8千克,占成年公羊体重的81%～90.7%,成年公、母羊平均体重分别为107.4千克和55.5千克)、产肉性能高(舍饲育肥的6月龄羊体重45.3千克,胴体重22.2千克,屠宰率52.9%;放牧育肥的6月龄羊体重35.9千克,胴体重19.1千克,屠宰率53.1%;成年羯羊体重59.5千克,屠宰率56.7%)和肉质好(眼肌面积27.3平方厘米,瘦肉率71.8%,蛋白质含量19.5%)为主要特点。成年母羊产净毛量2.2～2.6千克,羊毛平均细度22.7微米(相当于64支),毛长公羊9.8厘米,母羊7.3厘米,产羔率为128%。

五、乌珠穆沁羊

乌珠穆沁羊系蒙古羊中分化出来的一个优良地方品种,主产于内蒙古自治区锡林郭勒盟乌珠穆沁草原地区(东、西乌珠穆沁旗),故名。目前约有100多万只。1982年由农业部正式确认为优良地方品种,是发展我国草原肉羊业、特别是肥羔肉生产的重要品种之一。该品种体格较大,被毛及体躯为白色,头颈多为黑色,被毛异质,干死毛多,剪毛量低,但生长发育快,肉用性能好,6～7月龄公羊体重达39.6千克,母羊达

35.9千克,成年公、母羊体重分别为74.4和58.4千克,屠宰率53.5%左右;产羔率100%。

六、大尾寒羊

主产于河北、山东两省的小尾寒羊产区及河南省中部郏县地区。以体大(成年公羊体重平均72千克,母羊52千克)、尾重(15~20千克)、产肉多(屠宰率55%~69%)、肉质好、毛质优(同质或基本同质半细毛)、产羔率高(185%~205%)为主要特点。

七、兰州大尾羊

产于甘肃省兰州市郊区。以生长发育快、易育肥、肉脂率高、肉质鲜嫩为主要特点。体躯呈长方形,具肥大而分为两瓣的长脂尾,被毛纯白、异质。饲养方式为舍饲和半舍饲。成年羯羊平均屠宰率63%,净肉率42.7%;10月龄羯羊分别为60%和41%。产羔率117%,在良好饲养条件下,母羊可2年产3胎。今后应在继续提高质量的同时,积极发展数量。

第二节 国外名种

一、有角道赛特羊(Dorset Horn)

该羊为短毛型肉用绵羊品种。原产于英国英格兰南部的道赛特郡。19世纪末用边区来斯特羊、南丘羊和美利奴羊等与原来有角道赛特羊进行杂交培育而成。

该品种公、母羊都有卷曲的角,被毛白色。体躯长、宽、深,肌肉丰满。成年体重:公羊102~125千克,母羊75~90千克。

剪毛量2.3～3.2千克,毛长7～10厘米,细度50～56支。产羔率130%～180%,最高可达220%。4月龄胴体重:公羔为23.4千克,母羔为19.7千克。母羊全年发情。

该品种最先被新西兰、澳大利亚等国引入。英国用作非季节性产羔的母系品种,以其与兰德瑞斯羊杂交,可使母羊1年2产,生产肥羔;新西兰用作生产肥羔的父系品种;澳大利亚主要用于与边区来斯特、美利奴母羊杂交以生产肥羔。

我国已多次从澳大利亚等国引入,主要饲养在陕西、黑龙江、新疆、河南、河北等省、自治区,以其为父本,与小尾寒羊、大尾寒羊、同羊等进行杂交,生产肥羔,并用以改良提高或培育新种。

二、萨福克羊(Suffolk)

该羊为短毛型肉用绵羊品种。原产于英国,19世纪以南丘羊与旧型黑头有角诺福克羊(Norfolk Horn)杂交培育而成,于1859年正式成为萨福克羊品种。

萨福克羊体格较大,头较长,耳长,颈长而粗,胸宽,背腰宽平,肌肉丰满。面部及四肢为黑色,头、肢无羊毛覆盖,早熟性好,结实耐苦。成年体重:公羊90～120千克,母羊55～75千克。也有资料介绍公羊90～150千克,母羊60～100千克。产毛量:公羊5～6千克,母羊2.5～3千克。毛长5～8厘米,羊毛细度50～58支。产羔率130%～140%。4月龄肥羔胴体重:公羔24.2千克,母羔19.7千克。

萨福克羊于1888年就已引入美国,其产肉性能突出,成年羊体重和生长速度居美国20个品种之首,是目前美国最大型的肉羊品种,曾对美国养羊业由毛用转向肉用做出了重要贡献。繁殖率仅次于芬兰兰德瑞斯羊,因其头、四肢黑色而无毛,多用作大型肥羔羊生产的终端杂交父系品种,其杂种母羊也可用作生产肥羔的种母羊。1989年,我国自澳大利亚和新西兰引入100多只萨福克羊,饲养在新疆、陕西北部和内蒙古等地。2000年9月,我国又从澳大利亚引入数百只萨福克羊,主要饲养在北京市周围及河北省衡水市。实践表明,该羊耐粗饲,采食性好,适应性强,具有罕见的抗病能力。

三、南丘羊(South Down)

该羊为短毛型肉用绵羊品种。原产于英格兰东南部丘陵地区,为最古老的肉用羊品种。18世纪后期,英国人艾曼自当地羊中选择体型好、肉质美的羊,用近亲繁育的方法进行育种,在获得良好效果后,又经魏布氏继续选育而成。

南丘羊公、母均无角,体呈圆形,颈短而粗,背平体宽,肌肉丰满,腿短。成年体重:公羊80～88千克,母羊60～88千克。剪毛量2～2.6千克,毛长5厘米。早熟,羔羊易育肥,肉质嫩,油脂白,屠宰率60%,为英国肉羊中肉质最好的品种。产羔率125%～150%。适于丘陵山地放牧,利用饲料能力很强。

南丘羊体型小到中等,性情温驯,是适于集约化管理的理想羊种,具有多胎性和早熟性,生产多肉的轻型胴体。该品种曾对汉普夏、萨福克和道赛特等适于丘陵放牧品种的发展起过重要作用。近年来,因南丘羊体格较小,已竞争不过大型品种,数量下降。通常在肉用羊杂交中作终端杂交父系品种使用。

四、汉普夏羊(Hampshire Down)

该羊为短毛型肉用绵羊品种。原产于英国汉普郡。19世纪初,是由老汉普夏羊、巴克夏羊和有角威尔特羊,导入南丘羊和考兹伍德羊血液,形成了遗传性稳定的汉普夏羊品种。

汉普夏羊公、母均无角,体深且长,黑脸,耳、腿为深褐色,体躯其余部分为白色。成年体重:公羊100～120千克,母羊65～85千克。剪毛量3～4.5千克,毛长5～8厘米,细度50支,密度中等。早熟性好,生长迅速,羔羊12月龄体重达90千克,屠宰率50%以上,肉质细嫩。产羔率115%～120%,高产的可达150%～175%。母羊有良好的母性,泌乳性能好。

该品种对于饲养管理条件要求高,在美国被用作生产肥羔的主要父系或终端品种之一。

五、牛津羊

该羊为短毛型肉用半细毛羊品种。原产于英国英格兰的牛津地区。是由汉普夏羊与考兹伍德羊杂交,后又导入南丘羊血液,于19世纪30年代育成。

牛津羊体躯中到大型,面部和腿部覆深褐色毛。成年体重:公羊100～150千克,母羊65～90千克,仅次于林肯羊。剪毛量3～4.5千克,毛长7～12厘米,净毛率50%～60%,细度50支。平均产羔率150%。4月龄羔羊胴体重可达20～25千克,肉的品质好。

该品种具多胎性和良好的保姆性,可生产品质优良的胴体和中等羊毛。1846年被引入美国,在生产中用作终端父本品种。

六、德国肉用美利奴羊(German Mutton Merino)

该羊为肉毛兼用细毛羊品种。原产于德国萨克森州。是用泊列考斯和来斯特公羊与德国原有的美利奴母羊杂交培育而成的。

公、母羊均无角,颈部无皱褶。早熟性好,体格大,胸宽深,背腰平直,肌肉丰满。成年公羊体重90～140千克,母羊60～80千克。断奶羔羊日增重可达350～400克。4月龄羔羊体重可达40～45千克,有些较好的个体可达50～55千克。屠宰率可达48%～50%。产毛量,公羊7～11千克,母羊4～5千克。净毛率40%～52%。毛长,公羊8～10厘米,母羊6～8厘米。毛细,公羊22～26微米(60～64支),母羊22～24微米(64支)。母羊12月龄配种,非季节性发情,无固定产羔季节,可2年3产,产羔率150%～250%。泌乳性能好,羔羊死亡率低。

1958年以来,我国曾多次引进该品种,分布于内蒙古、甘肃、山东、江苏、河北、河南、陕西和黑龙江省、自治区,表现良好。但其纯繁后代中公羊隐睾有时高达12.7%。

七、德国白头肉用羊

该羊原产于德国。由英国长毛种羊和当地沼泽品种羊杂交,于19世纪后叶育成。具有体大(成年公羊体重110～130千克,母羊80～90千克)、早熟性好、产羔率高(150%～180%)和产毛量高(成年公羊6～7千克,母羊5～5.6千克)等特点,羊毛细度44～56支。

八、德国褐头肉用羊

该羊为肉用型半细毛羊品种。原产于德国,是用法国曼恩蓝头羊与荷兰特克赛尔羊、东弗里生羊与德国本地黑头羊杂交选育而成。

该品种体格较大,肉用体型比较明显。成年体重:公羊100～125千克,母羊65～75千克。剪毛量:公羊4.5～5.5千克,母羊4~4.5千克。羊毛细度48~56支,净毛率50%。育成母羊8月龄即可配种,大多数母羊年产1胎,产羔率为150%~210%。

褐头肉羊的突出特点是产羔率高,早熟性和肉质好。

九、夏洛来羊

该羊为短毛型肉用细毛羊品种。原产于法国中部的夏洛来地区,是用英国来斯特羊与当地摩尔万戴勒羊杂交,后又导入南丘羊血液,经长期选育而成的。1963年法国农业部正式命名为夏洛来羊,目前法国约有纯种羊40万只。

该品种公、母羊均无角,额宽,耳大,颈和四肢粗短,肩宽平,胸宽深,肋部拱圆,背部肌肉发达,肉用体型明显。被毛白色且为同质毛。成年体重:公羊100~150千克,母羊75~95千克。羔羊生长发育快,6月龄体重:公羊48~53千克,母羊38~43千克。胴体品质好,瘦肉多,脂肪少,屠宰率55%以上。毛长7厘米左右,细度56~68支。产羔率初产母羊135%,经产母羊190%。

夏洛来羊对寒冷、潮湿气候表现出良好的适应性,是生产肥羔的优良草地型肉用羊。近年来,美、德、比、瑞士、西班牙、葡及东欧各国均有引进和饲养扩繁。我国自20世纪80年代中期开始引进,分别饲养在河北、河南、山东、黑龙江、山西、湖北和陕西等省,用于改良当地羊的产肉性能。实践中发现,该羊对炎热气候条件的适应性差,但利用夏洛来公羊与细毛羊、小尾寒羊、同羊等进行二元杂交,在生长发育速度和产肉性能方面均可得到明显的改善。杂交一代羊不仅可生产肥羔肉,还可作为三元和多元经济杂交的母羊,也可作为培育肉用羊新品种的育种材料。

十、法兰西岛羊

该羊为长毛型肉用细毛羊品种。原产于法国。18世纪中叶,由当地美利奴羊与英国悉利羊、来斯特羊的公羊杂交育成,是法国著名绵羊品种之一。

该品种肉用体型明显,被毛白色且同质,早熟性好。成年平均体重:公羊80千克,母羊65千克。剪毛量母羊4~5千克,毛长10~15厘米,细度56~58支。4月龄羔羊胴体重可达17~20千克。繁殖性能较好,平均产羔率130%~160%。

20世纪60年代初,法国曾赠送我国数只法兰西岛羊,当时饲养在中国农业科学院畜牧研究所。90年代末,我国又从法国引进数十只,饲养在陕西北部地区。

十一、特克赛尔羊(Texel)

该羊为短毛型肉用细毛羊品种。19世纪中叶,由林肯羊、边区来斯特羊的公羊,改良当地沿海低湿地区的一种晚熟但毛质好的土种母羊选育而成。特克赛尔羊主要繁殖在荷兰,其在荷兰养殖已有160多年之久。

该羊被毛白色,体躯呈长圆桶状,额宽,耳长大,颈短粗,肩宽平,胸宽深,背腰长而平,后躯发育好,肌肉充实,头、腿部无绒毛。具有性早熟、多胎、羔羊生长快、体格大、产肉性能好、耐粗饲、适应性强、在放牧条件下的肉骨比和肉脂比高等特性。成年公羊体重80~140千克,母羊60~90千克。4~5月龄体重达40~50千克,屠宰率达55%~60%。剪毛量5~6千克,毛长7~15厘米,细度50~60支。母羊7~8月龄便可配种,且发情季节较长。80%的母羊产双羔,产羔率为150%~200%。特克赛尔羔羊体重增长情况见表7-1。

表 7-1 特克赛尔羔羊体重增长情况

区 分	初生	月 龄						
		1	2	3	4	5	6	7
公羊体重(千克)	5	15	26	37	45	52	59	63
母羊体重(千克)	4	14	22	31	38	44	48	52
公羊日增重(克)	—	333	367	367	267	233	233	133
母羊日增重(克)		283	300	293	200	133	133	133

该羊曾被引种到法国、德国、比利时、捷克、英国、美国、印尼、秘鲁和非洲一些国家,特别是引到美国。目前在美国所有良种肉羊品种中,该羊数量为最多,达 200 多万只。20 世纪 60 年代初,法国曾赠送我国政府 1 对特克赛尔羊,当时饲养在中国农业科学院畜牧研究所,1996 年,该所又引进少量特克赛尔羊。1995 年,黑龙江省大山种羊场引进公羊 10 只和母羊 50 只。2000 年,陕西省杨凌农业高新技术产业示范区全国养羊供需中心又引进公羊 20 只和母羊 80 只,北京市和河北省引进公羊 40 只和母羊 60 只。实践证明,该羊是肉羊育种和经济杂交非常优良的父本品种。

十二、无角道赛特羊(Poll Dorset)

该羊为短毛型肉毛兼用绵羊品种。原产于澳大利亚和新西兰,是以考力代羊为父本,雷兰羊和英国有角道赛特羊为母本,再以有角道赛特公羊回交,选择无角后代培育而成。

该品种公、母羊均无角,面部、四肢及蹄白色,被毛白色。颈粗短,胸宽深,背腰平直,四肢粗短,后躯丰满,体型呈圆桶状,肉用体型明显。成年公羊体重 90～110 千克,母羊 55～75 千克。剪毛量 2～3 千克,毛长 7.5～10 厘米,细度 56～58 支

(25～30微米)。平均产羔率130%左右。早熟性好,生长发育快,可全年发情配种。

无角道赛特羊具有耐热、耐干旱的特点,在澳大利亚主要用作生产大型羔羊肉的父系品种,我国于20世纪70年代开始从澳大利亚引进该品种,分别饲养在新疆、黑龙江、内蒙古、陕西等地。据报道,无角道赛特公羊与小尾寒羊、大尾寒羊、兰州大尾羊、同羊等杂交,可取得明显的杂交优势,杂种羔羊生长发育快,生活力强,肉用体型明显。2000年初,西北农林科技大学中国克隆羊基地又从澳大利亚引进100多只。饲养实践再次证实,该羊适应性强,具有罕见的耐粗饲和抗病性能。

十三、兰德瑞斯羊

该羊又称芬兰羊,属芬兰北方短脂尾羊,为高繁殖力的多胎绵羊品种。原产于芬兰,早期分为小型和大型两种。1918年,用大型羊选育成了产毛量高、产羔多、生长快、泌乳量高的兰德瑞斯羊品种。

兰德瑞斯羊公羊有角,母羊无角。体格大,体长而深,骨骼较细,腹毛差。成年体重:公羊130千克,母羊75～80千克。剪毛量:公羊4～4.5千克,母羊3～3.5千克。毛长14～19厘米,细度44～58支,净毛率64%～75%。繁殖率高,每胎2～4羔,最多可达8只,平均产羔率270%～300%。在正常饲养管理条件下,5月龄羔羊体重可达32～35千克。该品种的繁殖力是世界绵羊品种中的佼佼者。

由于兰德瑞斯羊体大、多胎、全年发情等独特优点,引起许多养羊国家的重视,自1962年起已被26个国家引入,用以提高当地羊的繁殖力和产肉性能,效果非常理想。兰德瑞斯羊与罗姆尼羊杂种羔羊的生长速度要高于边区来斯特羊与罗姆尼羊、雪维特羊与罗姆尼羊的杂种羔羊。兰德瑞斯羊可将被改良品种的繁殖力从每胎 1.3 羔提高到 1.9 羔,增加 46%。

十四、波利帕羊

该羊为肉毛兼用细毛羊品种。原产于美国爱达荷州。利用芬兰兰德瑞斯羊公羊与兰布里耶羊母羊杂交,有角道赛特公羊与塔吉母羊杂交,再用两杂交组合的杂交后代互交,最终选育成波利帕羊。

该品种性早熟,有 85%～95% 的母羊在 6～7 月龄就可发情配种,80%～90% 的发情母羊能受胎。产羔率:初产母羊 180%,经产母羊 211%,且能 1 年 2 胎或 2 年 3 胎。羔羊初生重 3.7 千克,从初生到断奶平均日增重 236 克。剪毛量平均 3.7 千克,羊毛细度 60 支。

波利帕羊具有芬兰兰德瑞斯羊性成熟早、产后发情间隔短,有角道赛特羊四季发情,兰布里耶羊、塔吉羊羊毛品质好、体格大的遗传特点。

十五、阿尔科特羊(Arcott)

该羊原产于加拿大。是渥太华农业研究中心于 20 世纪 80 年代末育成的半细毛肉羊新品种,历时 20 年。它结合了萨福克羊的体大和好的肉用性状,来斯特羊的耐粗饲和好的产毛性状,雪洛普夏羊和北方雪维特羊的良好早熟性及瘦肉率高的性状,芬兰兰德瑞斯羊的多胎性和东弗里生羊的高产奶性状。具有体大(成年公羊体重 80～100 千克,母羊 70～95 千克)、生长发育快(4 月龄体重 35～38 千克)、产羔率高(190%～260%)、适应性强等特点。

第八章 细毛绵羊名种介绍

第一节 国内名种

一、中国美利奴羊

简称中美羊,是我国在引入澳美羊的基础上,于1985年培育成的第一个毛用细毛羊品种。按育种场所在地区,分为新疆型、军垦型、科尔沁型和吉林型4类。

(一)外貌特征 公羊有螺旋形角,少数无角,颈部有1~2个横皱褶;母羊无角,颈部有发达的纵皱褶。体躯呈长方形,头毛密长,着生至眼线,鬐甲宽平,胸宽深,背平直,尻宽平,后躯丰满,肢势端正。公、母羊躯体部无明显皱褶。

(二)羊毛品质 被毛白色,密度大,细度60~64支。体侧12个月毛长9厘米以上,各部位毛的长度和细度均匀,净毛率50%以上。细毛着生头部至眼线、前肢至腕关节、后肢至飞节。腹毛着生良好。

(三)生产性能 特级母羊剪毛后平均体重48.8千克,剪毛量7.2千克,折合净毛4.4千克,毛长10.5厘米;一级母羊剪毛后平均体重40.9千克,剪毛量6.4千克,折合净毛3.9千克,毛长10.2厘米。该品种的羊毛产量和质量已达到国际同类细毛羊的先进水平,也是我国目前最为优良的细毛羊品种。

二、新疆毛肉兼用细毛羊

简称新疆细毛羊,是我国于1954年育成的第一个毛肉兼用细毛羊品种。原产于新疆伊犁地区巩乃斯种羊场。是用高加索细毛羊公羊与哈萨克母羊、泊列考斯公羊与蒙古羊母羊进行复杂杂交培育而成的。

该品种公羊大多有螺旋形大角,鼻梁微隆起,颈部有1~2个完全或不完全的横皱褶。母羊无角,鼻梁呈直线形,颈部有1个横皱褶或发达的纵皱褶。体格高大,胸部宽深,背腰平直,体躯长深无皱,后躯丰满,肢势端正。被毛白色,密度中等,毛长8~12厘米,细度60~64支,净毛率48%~52%。成年体重:公羊85~100千克,母羊47~55千克。产羔率133%,屠宰率47%~52%。肉质细嫩,肥瘦适中。

该品种适于干燥寒冷高原地区饲养,采食性好,生活力强,耐粗饲料,已推广至全国各地。曾对新品种培育发挥了一定作用。该羊与蒙古羊、藏羊杂交,一代杂种羊的剪毛量可提高50%~75%,同质毛被可达到20%~50%。

三、东北细毛羊

该羊为肉毛兼用细毛羊品种。原产于东北三省。首先,从1947年开始,以兰布列羊与蒙古羊进行杂交,杂种后代进行横交固定和扩繁,并建立育种场和育种基地;然后,从1952年开始,先后引入前苏联美利奴羊、高加索羊、阿斯卡尼亚羊、斯达夫羊、新疆细毛羊等对其杂交改良;最后,于1967年将该羊正式命名为东北细毛羊。

公羊有螺旋形角,母羊无角,公羊颈部有1~2个横皱褶,母羊有发达的纵皱褶。体质结实,结构匀称。毛密、弯曲正常。

成年体重：公羊100千克，母羊51千克。剪毛量：公羊14.2千克，母羊5.7千克。毛长：公羊9.3厘米，母羊7.4厘米。细度60~64支。屠宰率48%，净肉率34%。产羔率124.2%。

东北细毛羊遗传性稳定，杂交改良效果显著，已推广到北方各省、自治区。

四、甘肃高山细毛羊

也叫甘肃细毛羊，为毛肉兼用细毛羊品种。产于甘肃祁连山皇城滩和松山滩等海拔2600~3500米的高山草原。用蒙古羊、藏羊及蒙藏混血羊与新疆羊、高加索羊通过复杂杂交选育而成。是20世纪80年代初育成的我国第一个高原细毛羊品种。

公羊有螺旋形大角，母羊无角。公羊颈部有1~2个横皱褶，母羊有纵皱褶。被毛纯白。体质结实匀称，四肢强健有力。成年体重：公羊70~85千克，母羊36.3~43.8千克。产毛量：公羊8.6~9.5千克，母羊3.7~4.8千克。毛长：公羊8~10厘米，母羊7.4~8.9厘米。细度64支。产羔率110%。5岁羯羊屠宰率50%，内脏脂肪2~4千克，净肉重21.2千克。

该品种适应高寒山区条件，耐粗放，生活力强，可用于改良高原绵羊。

五、内蒙古毛肉兼用细毛羊

亦称内蒙古细毛羊。体质结实，结构匀称。公羊有螺旋形角，颈部有1~2个完全或不完全的皱褶；母羊无角或有小角，颈部有裙形皱褶。头大小适中，背腰平直，胸宽深，体躯长。被毛闭合良好，头毛着生至两眼连线或稍下，前肢至腕关节，后肢至飞节。成年公羊剪毛后体重82千克，剪毛量12千克；成年母羊剪毛后体重46千克,剪毛量5.5千克。羊毛细度60～64支,毛丛长度7.5厘米,净毛率35%～40%。

六、敖汉细毛羊

在内蒙古自治区赤峰市敖汉等旗、县,用蒙古羊与高加索细毛羊、斯达夫细毛羊杂交培育而成的品种,1982年被国家正式命名为敖汉细毛羊。

该羊具有白色的同质毛被,多数羊的颈部有纵皱褶,少数羊的颈部有横皱褶。公羊体大,鼻梁微隆,大多数有螺旋形角。母羊一般无角,或有不发达的小角。体高67～79厘米,体长69～81厘米,胸围92～102厘米,体重50～91千克。剪毛量公羊平均20千克,母羊6.2千克,毛长7～9厘米。屠宰率48.5%,产羔率133%。

敖汉细毛羊适应能力强,抗病力强,适于干旱沙漠地区饲养,是较好的毛肉兼用细毛羊品种。

第二节 国外名种

一、澳洲美利奴羊

简称澳美羊。原产于澳大利亚,是世界上著名的毛用细毛羊品种。根据体重、羊毛长度和细度等指标,澳美羊分为细毛型(占6%)、中毛型(占56%)和强毛型(占38%)3个类型,每个类型又分为有角系和无角系。

澳美羊体躯近似长方形,体宽,背平直,后躯肌肉丰满,四肢较短。公羊颈部有1～3个完全或不完全的横皱褶,母羊有发达的纵皱褶。被毛密度大,细度均匀,羊毛长,光泽好,净毛率高。细毛着生于头部至眼线、前肢至腕关节、后肢至飞节。成年体重:公羊70~100千克,母羊42~48千克;剪毛量:成年公羊8.5~14千克,母羊5~6.5千克;羊毛细度60~80支,羊毛长度9~13厘米,净毛率60%~68%。

我国于1972年从澳大利亚引入澳美羊,在杂交基础上培育成了中国美利奴羊。实践证明,用澳美羊改良小尾寒羊,对提高小尾寒羊的羊毛品质、净毛产量和肉毛兼用体型结构,具有良好的效果。

二、波尔华斯羊

原产于澳大利亚维多利亚州,是毛肉兼用品种。具有澳美羊的特征,但一般无皱褶,亦分为有角系和无角系。体躯较宽平,体质结实,结构良好。成年公羊体重56~77千克,剪毛量5.5~9.5千克;成年母羊体重45~56千克,剪毛量3.6~5.6千克。毛长10~15厘米,细度58~60支,净毛率65%~72%。繁殖力强,泌乳性能好。该品种在澳大利亚主要用它与其他品种杂交进行肥羔生产。

从1966年开始引入我国,主要饲养在吉林、新疆、陕西、山东等省、自治区。东北细毛羊和新疆细毛羊曾用波尔华斯羊进行导入杂交,对提高羊毛长度和改善羊毛品质有明显的效果。以波尔华斯羊为父本,以小尾寒羊为母本,进行肉毛兼用型羊商品生产,也是理想的杂交组合之一。实践证明:波尔华斯羊适应地区较广,特别是对寒冷潮湿的气候环境,具有良好的适应性。

三、高加索细毛羊

高加索细毛羊具有良好的外形,结实的体质,颈部有1~

3个皱褶,头部及四肢羊毛覆盖良好,油汗呈黄色或淡黄色。成年公羊体重120~130千克,剪毛量18~20千克;成年母羊体重63~70千克,剪毛量7.6~8千克。产羔率120%~160%。毛长8~9厘米,细度64支,净毛率40%~44%。

高加索细毛羊在解放前就引入我国,是育成新疆细毛羊的主要父系品种,是改良我国蒙古羊、藏羊和哈萨克羊三大粗毛羊品种及其他粗毛羊的较为理想的细毛羊品种之一。

四、俄罗斯美利奴羊

体质结实,颈部具有1~3个皱褶,体躯有小皱褶,被毛呈闭合型,腹毛覆盖良好。成年公羊体重平均101千克,成年母羊体重55千克。剪毛量成年公羊16.1千克,成年母羊7.7千克。毛长8~9厘米,细度64支,产羔率120%~130%。

我国于1950年引入,在许多地区适应性良好,改良粗毛羊效果显著,是内蒙古细毛羊和敖汉细毛羊新品种育成的主要父系品种之一。

第九章 半细毛绵羊名种介绍

第一节 国内名种

一、青海高原半细毛羊

这是我国育成的第一个半细毛羊新品种,全名为青海高原毛肉兼用半细毛羊。它是以新疆细毛羊、茨盖羊及罗姆尼羊为父本,当地藏羊为母本,采用复杂育成杂交的方法而培育成的。现主要饲养于青海湖四周的一些县。

该品种大部分羊被毛全白,同型毛,密度中等,毛呈大弯曲,白油汗,羊毛强度好。体型结构、产肉性能都已接近育种目标。据莫德尔种羊场的资料记载:成年公羊一般体重57千克,剪毛量4.2千克,毛长9.4厘米;成年母羊一般体重38千克,剪毛量2.6千克,毛长8.9厘米。羊毛细度以56～59支为多,占80%左右。

二、东北半细毛羊

该羊属于毛肉兼用型,亦称东北中细毛羊。该品种分布在东北三省,约有30万只。它是用考力代羊为父本,与当地蒙古羊及杂种改良羊杂交培育而成的。具有剪毛量高,肉用性能好,早熟,耐粗饲料,适应性强等特点。

结构良好,公、母羊均无角,头轻小,颈粗短,体躯无皱褶,头部被毛着生至两眼连线,体躯呈圆桶状,后躯丰满,四肢粗壮。被毛白色,密度中等,匀度好,腹毛呈毛丛结构。羊毛有清晰明显的大弯,羊毛的细度为56～58支,油汗适中,呈白色,净毛率50%。成年公羊一般体重62.1千克,剪毛量6千克,毛长9厘米以上者占84%,羊毛细度56～58支者占92%。成年母羊一般体重为44千克,剪毛量为4.1千克,毛长9厘米以上者占53%,羊毛细度56～58支者占85%。

第二节 国外名种

一、考力代羊

原产于新西兰,属毛肉兼用型半细毛羊品种。

公、母羊均无角,颈短而宽,背腰平直,后躯发育良好,肌肉丰厚,四肢粗壮。成年公羊体重100~115千克,剪毛量10~12千克;成年母羊体重60~65千克,剪毛量5~6千克。毛长11~14厘米,细度50~56支,净毛率60%以上。具有良好的早熟性,4月龄体重可达35~40千克。中等肉质,屠宰率45%~50%。产羔率125%~140%。

我国山东、贵州、陕西等省用引入的考力代羊改良当地粗毛羊,使羊毛品质大有改善,剪毛量明显提高。目前,已在培育中的东北半细毛羊和安徽萧县半细毛羊,就是以考力代羊作主要父系品种的。

二、林肯羊

原产于英国,属长毛型肉毛兼用半细毛羊品种。

体质结实,体躯高大,结构匀称,头短颈长,前额有毛丛下垂,背腰平直,腰臀宽广,后腿肌肉特别发达,四肢短而端正,肉用体型明显,公、母羊均无角。

成年公羊体重120~140千克,剪毛量8~10千克;成年母羊体重70~90千克,剪毛量5.5~6.5千克。净毛率60%~65%,毛长20~30厘米,细度36~44支。产羔率120%,屠宰率50%左右。

林肯羊尽管对饲养管理条件要求比较高,早熟性能比较差,但因其羊毛较长,遗传性能强,对培育半细毛羊品种也起了重要作用。

三、罗姆尼羊

原产于英国,属长毛型肉毛兼用半细毛羊品种。

体质结实,四肢较高,体躯长而宽,背腰平直而宽,头形略狭长,头、肢羊毛覆盖差,放牧游走能力强。

成年公羊体重100～120千克,剪毛量6～8千克;成年母羊体重60～80千克,剪毛量3～4千克。净毛率60%～70%,毛长13～18厘米,细度48～50支。产羔率120%。肉用性能好,4月龄肥羔胴体重,公羔22.5千克,母羔20.8千克。屠宰率55%左右。

我国自1966年起引入,分布于甘肃、山东、江苏、陕西等10余个省、自治区,表现出较强的适应性,对半细毛羊的杂交改良和育种起了重要作用。

四、边区来斯特羊

属长毛型肉毛兼用半细毛羊品种,原产于英国。19世纪中叶在苏格兰边界诺森伯兰用来斯特公羊与山地雪维特母羊杂交培育而成。在1860年,为与来斯特羊相区别,定名为边区来斯特羊。

公、母羊均无角,鼻梁显著隆起,耳大竖立,四肢着生白色刺毛。体躯长,背宽平,体呈圆筒形。早熟,肉质好。成年体重:公羊90～140千克,母羊60～80千克。剪毛量:公羊5～9千克,母羊3～5千克。净毛率65%～80%,毛长20～25厘米,细度44～48支。羊毛有丝光,弹性好。产羔率150%～200%。

1966年以后,我国从澳大利亚陆续引入边区来斯特羊,主要饲养在青海、甘肃、内蒙古、新疆、西藏、四川和云南等省、自治区。实践证明,饲养在青海、内蒙古等地的适应性差,而饲养在甘肃、云南、四川等地的效果较好。目前,该品种已被作为培育西南半细毛羊新品种的主要父系品种之一。同时,也是各地进行肉羊杂交生产的重要亲本品种之一。

五、茨盖羊

茨盖羊是俄罗斯培育的一个古老羊种,属毛肉兼用型半细毛羊品种,现分布在俄罗斯和东欧一些国家。茨盖羊适应性强,对生态条件的适应性与细毛羊近似。体格较大,公羊有螺旋形大角,母羊无角或有小角痕,全身无皱褶。肉用体型好。毛色纯白,毛长 8~9 厘米,细度 46~56 支。公、母羊体重分别为 80~90 千克和 50~55 千克,剪毛量分别为 6~8 千克和 3.5~4 千克。净毛率 50% 左右,产羔率 115%~120%,屠宰率 50%~55%。母羊产奶性能良好。

从 20 世纪 50 年代开始,我国曾多次引入茨盖羊,主要饲养在内蒙古、青海、甘肃、四川、西藏等省、自治区。实践证明,在严酷的自然环境和粗放的饲养管理条件下,该羊适应性好,发病率低,但羊毛长度不足,被毛匀度不均。在优良的生态条件下,该羊生产性能发挥较好。

第十章 羔皮与裘皮绵羊名种介绍

第一节 羔皮绵羊名种

一、湖 羊

湖羊是我国独特的羔皮用绵羊品种,也是世界上少有的白色羔皮品种,其3日龄的羔皮在国际市场享有盛名。原产于浙江、江苏、上海的太湖流域,现主要分布于浙江省的长兴、嘉兴、海宁、杭州和江苏省的吴江、宜兴等地。该羊能够适应高温高湿的自然环境,具有生长快、成熟早、繁殖力强、羔皮品质优的特点。

6月龄体重:公羊30.3千克,母羊28.1千克;成年体重:公羊40~50千克,母羊31~47千克。屠宰率46.4%。年剪毛2次,剪毛量1.2~2千克,毛长5~7厘米。毛丛中绒毛占90.8%,两型毛占5.8%,粗毛占3%,干死毛仅占0.4%。4~5月龄性成熟,6~10月龄宜初配,四季发情,但多集中在4~6月份和9~11月份。年产2胎,每胎产2~3羔的母羊占70%以上,年产羔率234%。

湖羊羔皮是生后1~3天内宰剥的羔羊皮,其特点是皮板轻薄、柔软,没有毛股,花纹紧贴皮板,似行云流水,可以染成各种艳丽的色泽,是市场上的稀有商品。

二、中国卡拉库尔羊(三北羊)

卡拉库尔羊原产于俄罗斯,引入我国后,经过选育,生产性能得到进一步的提高,有了新的特点特性,故又称为中国卡拉库尔羊。由于其主要饲养在西北、华北和东北地区,所以又称为三北羊。初生羔羊毛为黑色,断奶后变为褐色,1.5~2岁时变白,后又变为灰白色。成年公羊体重60千克,母羊45千克,产羔率105%~110%,屠宰率50%左右。

卡拉库尔羔皮,又称波斯羔皮,是在羔羊生后1~3天内剥取的羊皮。它具有独特的毛卷类型和各种天然的色泽,毛卷坚实,光泽宜人,在国际市场上享有盛誉。

第二节 裘皮绵羊名种

一、滩 羊

原产于宁夏。现主要分布在宁夏回族自治区的中部及北部的银川、石嘴山、贺兰、平罗、陶乐、灵武、吴忠、同心、盐池等十多个市、县,陕西省的定边,甘肃省的景泰、靖远、会宁、环县,以及内蒙古自治区的鄂托克旗、乌海市等地。其中,以分布于宁夏境内的黄河以西、贺兰山以东的平罗、贺兰和银川等地所产的二毛裘皮品质为佳。截至2000年上半年,滩羊总数已达200万只以上。适宜于农区和半农半牧区饲养。

滩羊外形与蒙古羊相似,但头短,额宽,眼大突出,耳有大、中、小3型,多呈半下垂状。公羊有大而螺旋形的角,且角尖向外伸展;母羊一般无角。尾长富脂肪,垂达关节以下,尾基宽阔,尾尖细圆,多数呈S状钩曲。毛白色,头部有斑。毛长而弯曲明显,形成花穗状。体中等大小,体高61~65厘米,体长65~68厘米,胸围74~81厘米,尾长26~30厘米,尾宽9~13厘米。成年体重:公羊40~50千克,母羊33~40千克。屠宰率37%~46%。6~7月龄性成熟,周岁左右初配,妊娠期153天,1年1胎,产羔率100%,乳房发育良好,产奶较多。

滩羊裘皮或二毛皮是羔羊生后1月龄左右、毛股长8~9厘米时所宰杀剥取的白色毛皮。其毛股细长,弯曲多而整齐,花穗美观,皮板轻薄,光泽悦目,呈玉白色,保温性能佳。我国滩羊产区的宁夏、甘肃、陕西和内蒙古4个省、自治区已经联合起来,开展滩羊育种工作,以进一步发展羊群数量,提高二毛裘皮品质。

二、岷县黑裘皮羊

原产于甘肃岷县,现分布于甘肃、西藏等地海拔2 500~3 000米的草山草地地区。以生产二毛裘皮而闻名。

该羊全身黑色,鼻梁隆起,背腰平直。尾为瘦型,短小呈锥状。公羊具有向外展的半螺旋形角,母羊多无角。毛股呈明显的花穗状,毛尖呈环状或半环状,基部有3~5个弯曲。

可终年放牧而不补饲,仅在冬、春草场积雪时间过长时,补以少量饲料。成年公羊体高55~56厘米,体长58~60厘米,胸围75~78厘米,体重30~31千克。母羊稍小于公羊。每年剪毛2次。年产毛0.8~0.9千克,屠宰率44.3%。1.5岁初配,年产1胎,产羔时间在冬、春季节。

三、罗曼诺夫羊

原产于俄罗斯。属裘皮羊品种,现向肉用方向选育。该羊具有高产羔率(250%~300%,最高1胎可产羔9只)的优良特性,体格中等,被毛异质,有髓毛短(3~4厘米),呈黑色,无髓毛长(6~8厘米),呈白色。欧洲不少国家利用其多胎性,引入本国以提高当地羊的繁殖性能。

第十一章 引种标准

引种标准主要根据品种标准或选种方法而定,它是引种时选购羊只的科学依据。下面以当代著名的关中奶山羊、小尾寒羊、布尔山羊和南江黄羊为例,对引羊标准加以介绍。

第一节 关中奶山羊引种标准

一、引种标准

本标准由西北农林科技大学提出(1992)。该标准既是关中奶山羊特别是其核心群(主要是杨凌地区的奶山羊)的引种标准,又是陕西省境内的莎能奶山羊特别是西农莎能奶山羊的引种参考标准。

(一)外貌标准

1. 母羊外貌满分标准

一般外貌 25 分:体质结实,结构匀称,轮廓明显,反应灵敏。外貌特征符合品种要求。头长,清秀,鼻孔大,嘴齐,眼大有神,耳长且薄并前倾,颈长,皮肤薄且柔软有弹性,毛短、白色、有光泽。

体躯 30 分:体躯长、宽、深,肋骨开张且间距宽,前胸突出且丰满,背腰长而平直,腰角宽而突出,腹大而不下垂,尻长而不过斜,臀端宽大。

泌乳系统30分:乳房容积大,基部宽广,附着紧凑,向前延伸,向后突出。两叶乳区均衡对称,乳房皮薄、毛稀,有弹性,挤奶后收缩明显。乳头间距宽,位置、大小适中。乳静脉粗大弯曲,乳井明显。排乳速度快。

四肢15分:四肢结实,肢势端正,关节明显而不膨大,肌腱坚实,前肢端正,后肢飞节间距宽,可容纳大的乳房,系部坚强有力,蹄形端正,蹄质坚实,蹄底圆平。

2. 公羊外貌满分标准

一般外貌30分:体质结实,结构匀称,雄性特征明显。外貌特征符合品种要求。头大额宽,眼大突出,耳长直立,鼻直嘴齐,颈粗壮。前躯略高,皮肤薄而有弹性,被毛短而有光泽。

体躯35分:体躯长而宽深,肩胛高,胸围大,前胸宽广,肋骨拱圆,肘部充实,背腰宽平,腹部大小适中,尻长宽而不过斜。

雄性特征20分:体躯高大,轮廓清晰,目光炯炯,温驯而有悍威。睾丸大,左右对称,附睾明显,富有弹性。乳头明显,附着正常,无副乳头。

四肢15分:四肢健壮,肢势端正,关节结实,肌腱坚实,前肢间距宽阔,后肢开张,系部坚强有力,蹄形端正,蹄缝紧密,蹄质坚韧,蹄底平正。

3. 外貌等级标准 根据外貌评分结果而定,见表11-1。

表11-1　关中奶山羊外貌等级标准

性别	特级	一级	二级	三级
公羊	85	80	75	70
母羊	80	75	70	65

(二)生长发育标准 根据奶山羊个体发育各阶段体尺体重的最低标准而定,见表 11-2。

表 11-2 关中奶山羊生长发育标准 (厘米,千克)

性别	初生		断奶		周岁		成年	
	体高	体重	体高	体重	体高	体重	体高	体重
公羊	34	3.0	57	22	70	42	80	75
母羊	32	2.8	55	20	65	36	70	50

(三)泌乳性能标准 母羊泌乳性能标准见表 11-3,公羊泌乳性能标准根据其女儿的产奶量而定。

表 11-3 关中奶山羊产奶量标准 (千克)

等级	第一胎		第二胎		第三胎	
	产奶量	乳脂量	产奶量	乳脂量	产奶量	乳脂量
特级	700	24	800	28	900	31
一级	600	21	700	24	800	28
二级	500	17	600	21	700	24
三级	400	14	500	17	600	24

(四)个体综合标准 对某一年龄阶段的羊,主要根据体型外貌、生长发育和泌乳性能三方面标准来综合确定个体引种标准。通常在生长发育达到最低要求后,再根据泌乳性能和体型外貌两项等级确定个体综合标准,以泌乳性能为主。

二、选购要点

(一)乳用体型应明显 体长,颈长,头长,腿高,胸宽,肋圆,尻长,乳静脉粗大,乳房基部宽深、容积庞大。

(二)羊群结构应合理　成年羊、青年羊和羔羊应按30：30：40的比例引种,这样才有利于羊群周转和提高经济效益。

(三)公母比例应合适　公羊太少,易造成母羊空怀、公羊阳痿、近亲繁殖。通常,公母比例应以1：10左右为宜。

(四)了解亲缘关系,防止近亲过多　引种羊个体间有亲缘关系的羊不可过多,以防近亲交配。

(五)看生殖功能是否正常　母羊阴唇大,阴蒂长,阴门小,排尿异常,过于肥胖,雄相;公羊阴囊小,包皮偏后,阴茎短,独睾,隐睾,小睾,没有雄性,母相。这些羊可能是不孕羊或间性羊,不能要。

(六)看精神状况　健康奶山羊活泼好动,反应灵敏,食欲旺盛,精神饱满。

(七)看年龄大小　根据牙齿来判断年龄大小,门齿为乳齿时,年龄不足1岁,乳门齿脱换为1对、2对、3对、4对永久门齿时,年龄分别为1～1.5岁,1.5～2岁,2～2.5岁,2.5～3岁。

三、判断高产奶山羊的方法

一般来说,奶山羊产奶量的高低和乳房的形状、结构及乳静脉的大小有直接关系,因此,可从下面三个方面判断其是否高产。

(一)乳房形状　从外观看,乳房可分为紧缩型、松弛型和圆大型3种,其中以圆大型为佳,紧缩型和松弛型为差。

1. 紧缩型　乳房紧小,形似小球;乳头短而细小,不便挤奶。这类乳房容积小,产奶量低。

2. 松弛型　乳房松弛下垂,底部垂至飞节或飞节以下;

乳头短粗,与乳房界限不明显,形似一个长袋,行走不便,易被树茬等划破而引起乳房炎。这类乳房容积大,产奶量较高。

3. 圆大型　乳房丰满且对称,前面延伸到腹部,中间充塞于两股之间,后面突出于后肢的后方,上与腹部紧贴;乳头大小适中,稍伸向前方,乳头与乳房有明显界限。这类乳房容积大,形状美丽,产奶量高。

(二)乳房结构　高产乳房皮肤细而薄,表面无毛或基部有少量绒毛;触摸柔软而富有弹性,内无硬核;挤奶前乳房膨大丰满,挤奶后显著缩小,表面有许多皱褶;腺体组织发达,结缔组织少,这种乳房被称为腺体乳房。低产乳房皮肤粗而厚,摸之如瘦肉,无弹性,内有硬核;乳房容积在挤奶前后变化较小;腺体组织少,结缔组织多,这种乳房被称为肉质乳房。

(三)乳静脉大小　凡乳静脉粗大,延伸长,弯曲明显,侧面分支血管多的羊,泌乳力强,产奶量高;凡乳静脉细小,无明显弯曲,侧面血管分支少的羊,泌乳力弱,产奶量低。

第二节　小尾寒羊引种标准

一、引种标准

1989年6月28日发布,同年8月1日开始实施至今的《山东省地方标准小尾寒羊》(DB/3700 B 43008-89),既可作为小尾寒羊选种标准,又可作为小尾寒羊引种标准。

(一)体型外貌标准　必须符合小尾寒羊特征。

(二)体尺体重标准　见表11-4。

表 11-4　小尾寒羊体尺体重等级引种标准　（厘米,千克）

项目		公羊				母羊			
		体高	体长	胸围	体重	体高	体长	胸围	体重
3月龄	特	68	68	80	26	65	65	75	24
	一	65	65	75	22	63	63	70	20
	二	60	60	70	20	55	55	65	18
	三	55	55	65	18	50	50	60	16
6月龄	特	80	80	90	46	75	75	85	42
	一	75	75	85	38	70	70	80	35
	二	70	70	75	34	65	65	75	31
	三	65	65	70	31	60	60	70	28
周岁	特	95	95	105	90	80	80	95	60
	一	90	90	100	75	75	75	90	50
	二	85	85	95	67	70	70	85	45
	三	80	80	90	60	65	65	80	40
成年	特	100	100	120	120	85	85	100	66
	一	95	95	110	100	80	80	95	55
	二	90	90	105	90	75	75	90	49
	三	85	85	100	81	70	70	85	44

（三）产羔标准　见表 11-5。

表 11-5　小尾寒羊产羔等级引种标准　（只）

等级	特级	一级	二级	三级
初产羔数	3	2	2	1
经产羔数	4	3	2	1

（四）综合标准　在体型外貌符合品种特征的前提下,以体尺体重和产羔标准为依据确定个体综合标准,见表 11-6,表 11-7。

表 11-6　小尾寒羊综合等级引种标准

单项等级			总评等级	单项等级			总评等级
特	特	特	特	一	一	一	一
特	特	一	特	一	一	二	二
特	特	二	一	一	一	三	二
特	特	三	二	一	二	二	二
特	一	一	一	一	二	三	三
特	一	二	一	一	三	三	三
特	一	三	二	二	二	二	二
特	二	二	二	二	二	三	三
特	二	三	二	二	三	三	三
特	三	三	三	三	三	三	三

表 11-7　小尾寒羊综合等级评定结果　（厘米，千克，只）

羊号	性别	年龄	体尺等级				体重等级		产羔等级			总评等级
			体高	体长	胸围	等级	体重	等级	胎次	产羔数	等级	

二、与其他类似羊的区别

（一）同羊与小尾寒羊的区别　同羊腿短，公、母羊均无角，体格稍小且呈酒瓶形，尾巴稍大，大部分 1 胎产 1 羔。而小尾寒羊腿长，公羊有角，母羊大部分也有角，体格大且呈长方形，尾巴小，大部分 1 胎产多羔。

(二)湖羊与小尾寒羊的区别 湖羊无角,体格小,一生体高只有65厘米,体重只有33千克左右,在眼周和四肢下部有黑褐斑,尾巴稍大且呈圆形。而小尾寒羊有角,体格大,在2~4岁时,母羊体高可达80~93厘米,体重可达60~98千克,全身白毛,尾巴小且呈椭圆形。

(三)和田羊与小尾寒羊的区别 和田羊母羊多数无角,肋骨开张不良,胸部较窄,体格偏小,毛色混杂,被毛全白者不足20%。而小尾寒羊母羊多数有角,胸部开阔,身高体大,毛色纯白无杂。

(四)同羊多胎高产类型与小尾寒羊的区别 同羊多胎高产类型公羊具小弯角,角尖稍向外撇,母羊约半数有角,为小角或栗状角;尾巴呈方形、圆形、三角形,部分个体尾尖下垂,部分个体眼圈、耳、鼻端、嘴端及面部有杂色斑点或少量杂色毛,面部和四肢下部为刺毛覆盖,腹部多为异质粗毛和少量刺毛覆盖。而小尾寒羊公羊有粗大的螺旋形角,母羊多有镰刀状角;尾巴呈椭圆形且尾尖向上翘;全身为白毛。

(五)滩羊与小尾寒羊的区别 二者都是由蒙古羊的体系中分化出来的,但又各具独特的风格。滩羊成年公羊体重40~50千克,母羊30~45千克,腿短,尾长;公羊有角,母羊无角;体躯被毛多数为白色,少数为花色,一般头、四肢下部有黑色、黄色或褐色斑点。而小尾寒羊成年公羊体重100千克以上,母羊60千克以上,腿高,尾小,公、母羊均有角,全身被毛绝大多数为白色。

(六)杂种羊与正宗小尾寒羊的区别 一些产区历史上曾对小尾寒羊进行过杂交改良,加上一些饲养户配种时忽略纯繁纯育,乱配现象存在,造成所育后代与正宗小尾寒羊有相近之处,但体格小,生长速度慢,产羔率低,效益差。

（七）退化羊与高腿小尾寒羊的区别　一些产区饲养户，虽系正宗产区，正宗小尾寒羊，但缺乏科学养羊知识，长期自繁自育，甚至近亲交配，造成品种退化，逐渐形成退化了的群体，或成为较原始的类群，其外貌虽与小尾寒羊无异，但发育慢，个头小，产羔少。而优选优育的小尾寒羊，发育快，腿高，个大，产羔多。

（八）去牙羊与正常换牙羊的区别　个别人将已缺乏生产能力的老龄羊的牙齿拔掉若干，谎称其为刚刚换牙的年轻羊，以老充小，欺骗买主。鉴别这一现象须仔细观察：羔羊、青年羊的乳齿雪白，而永久齿发黄且大。永久齿磨损时间越长，其齿根越短，年龄越大，即属"老掉牙"的羊，容易区别。

（九）其他羊与小尾寒羊的区别　一是注意看羊蹄：小尾寒羊羊蹄表面为较鲜嫩而湿润的纯蜡黄色，如发现有异色线条则非小尾寒羊。二是注意看吃草（放牧）情况：小尾寒羊有草不啃树皮，而其他羊啃食树皮习以为常。

三、真假优劣鉴别要素

鉴别小尾寒羊真假、优劣，要把握四个要素：即"一看精神，二看貌，三摸阴睾，四看嘴"。首先，看羊的精神、气质是否正常；其次，看羊的外貌是否有角、高腿、白毛、小尾、拱鼻、个大；再次，看母羊阴门是否为长形、整洁、湿润，看公羊睾丸是否圆大、匀称、有弹性；最后，看牙齿，看下边的8个门齿脱换和磨损情况，以此来识别年龄大小。

第三节 布尔山羊引种标准

一、引种标准

由南非制定、我国西北农林科技大学养羊专家完善的布尔山羊品种标准，可作为选羊、引羊的标准依据。

（一）头部 头部坚实，有大而温驯的棕色双眼，无粗野的样子。有一坚挺稍带弯曲的鼻子和宽的鼻孔。有结构良好的口与腭。额部突出的曲线与鼻和角的弯曲相应。角中等长度，渐向后适度弯曲，暗色，圆而坚硬。耳宽阔平滑，由头部下垂，长度中等。

应排除的特征性缺陷：前额凹陷，角太直或太扁平，腭尖、长，耳褶叠、短小，蓝眼。

（二）颈部和前躯 颈长与体长相称，前躯肌肉丰满。宽阔的胸骨有深而宽的胸肌。肌肉肥厚的肩部与体部和鬐甲相称，鬐甲宽阔不尖突。前肢长度适中，与体部的深度相称。四肢强健，系部关节坚韧，蹄黑。

应排除的特征性缺陷：颈部太长、太短或瘦弱，肩部松弛。

（三）体躯 体躯长、深、宽阔，肋骨开张、多肉，腰部浑圆，背部宽阔平直，肩后不显狭窄。

应排除的特征性缺陷：背部凹陷，肋骨开张不良，肩后部呈圆柱状或狭窄。

（四）后躯 尻部宽而长，不过于倾斜。臂部不宜太平直。腿部丰满多肉。尾平直由尾根长出，可向两边摆动。

应排除的特征性缺陷：尻部太悬垂或太短，胫部太长，臂部平直。

(五)四肢 四肢粗壮、端正,肌肉适中,结构匀称,结实、强健,耐行走,这是一个基本特征。

应排除的特征性缺陷:四肢呈 X 状,向外弯曲,太纤细或有太多肌肉。系部纤细、软弱。蹄尖向外或向内。

(六)皮肤和被毛 皮肤松软,颈部、胸部有许多皱褶,尤以公羊为甚,这是又一个基本特征。眼睑、尾下、无毛皮肤应有色素沉着。毛短、具光泽、绒毛量少。

应排除的特征性缺陷:被毛太长、太粗,绒毛太多。

(七)性器官 母羊乳房丰满、柔软,有弹性,乳头左右对称,间距大。公羊阴囊发达、紧凑,周长不小于 25 厘米,睾丸左右对称、圆大,有弹性。

应排除的特征性缺陷:乳房为葫芦状,乳头为串状,有副乳头。睾丸小,阴囊有大于 5 厘米的裂口。

(八)体色 理想型应为头、耳红色的白山羊。有丰富的色素沉着并具明显的光泽,允许淡红到深红。种畜头部两边除耳部外至少有 10 厘米直径的红色斑块,两耳至少有 75% 的红色区及与其同样比例的色素沉着区。

体色允许出现下列情况:头、颈和前躯的红色不到肩胛,但不低于胸部连接处;体躯、后躯和腹部允许有直径不超过 10 厘米的红斑;在胸部与肢部有直径不到 5 厘米的红斑;尾部可为红色,但延伸至体部不多于 2.5 厘米;在 2 牙期允许有很少的红毛。商品羊至少应有 50% 为白色,50% 为红色,尾下皮肤至少有 25% 具色素沉着。

二、杂交后代羊特征

用布尔山羊级进杂交关中奶山羊,杂交一代羊的外貌体型接近母本,被毛基本为白色,但为半垂耳,四肢变粗短,公羊颈部增粗变圆,温驯好管。杂交二代羊体型外貌趋向父本,躯干、四肢呈白色,头颈为棕红色,耳朵变宽下垂,全身肌肉发达,温驯可爱。杂交三代羊毛色、体型与纯种布尔羊已无差异,体躯呈圆桶状,全身浑圆,具备了布尔羊的外貌特征。杂交一,二,三,四,五,六,七代羊分别含有布尔羊的血液为 50%,75%,87.5%,93.8%,96.9%,98.4%,99.2%。

三、引种利用要点

人所共知,有了良种不一定就能获得最佳的饲养效果与最大的社会经济效益,只有品种的生态适应性与引种地区的生态条件相结合、布尔山羊与当地品种的生产方向相结合、良种与良养相结合、良种繁育及科学饲养管理与疾病防治相结合,才能获得引种与利用的成功。

第一,考虑布尔山羊的品种特点,应注意引种地区的生态条件,严寒的北方暂不宜盲目引种。

第二,考虑布尔山羊与当地主要山羊品种的生产方向,我国北方以饲养长毛型山羊生产山羊绒为主的地区,南方以饲养黑山羊为主的地区暂不宜引种、改良。

第三,考虑气候因素及布尔山羊引入新环境之后的逐步适应过程,引种时间前半年宜安排在 3~5 月份,后半年宜安排在 9~11 月份。

第四,引种前必须做好饲草饲料、圈舍的充分准备工作。

第五,引种时要做好防疫、检疫等羊群保健工作。严禁到有传染病的疫区引种。

第六,布尔山羊对饲草饲料的要求较高,引种之后必须加强饲养管理工作,尽可能进行放牧,同时补给足量优质的青干草与营养全面的混合精料,并不断供给清洁的饮水。

第七,布尔山羊价格暂时昂贵,对财力不足者,可少引公羊,改本交(自然交配)为用鲜精(用假阴道采取的精液)或冷精(冷冻精液)人工授精。

第八,做好杂交之后母羊的妊娠、接羔、育羔等环节的饲养管理工作,特别要加强个体较小的地方品种母羊的分娩助产工作,以防胎儿过大而发生难产。

第四节 南江黄羊引种标准

一、引种标准

南江黄羊引种标准是根据《四川省地方标准南江黄羊》(DB51/291-1999)而定的。

(一)体型外貌标准

1. 满分评定标准

毛色,公羊10分、母羊8分:全身被毛黄色,富有光泽;自枕部沿背脊有一条由粗到细的黑色毛带,十字架后不明显。

被毛,公羊4分、母羊5分:细匀短浅,颈与前胸公羊有粗黑长毛和深色毛髯,母羊有细短色浅毛髯。

头势,公羊8分、母羊6分:头大小适中,额宽面平,鼻梁微拱,耳大、直立或微垂,有角或无角,有肉髯或无肉髯。

外形,公羊6分、母羊5分:体躯呈圆桶形,公羊雄壮,母羊清秀。

颈,公羊6分、母羊6分:公羊颈粗短,母羊颈细长,与肩胛结合良好。

前躯,公羊6分、母羊6分:胸部宽深,肋骨开张。

中躯,公羊6分、母羊6分:背腰平直,腹部与胸部也近乎平直。

后躯,公羊12分、母羊16分:荐宽,尻圆,母羊乳房丰满呈梨形。

四肢,公羊18分、母羊18分:四肢粗壮端正,蹄质坚实。

外生殖器,公羊10分、母羊10分:公羊睾丸、母羊外阴生长正常,发育良好。

羊体发育,公羊6分、母羊6分:肌肉充实,膘情中上,体魄健壮。

整体结构,公羊8分、母羊8分:体质结实,结构匀称,细致紧凑。

2. 等级划分标准 见表11-8。

表11-8 南江黄羊体型外貌等级标准 (分)

性别	特级	一级	二级	三级
公羊	≥95	≥85	≥80	≥75
母羊	≥95	≥85	≥70	≥60

(二)生长发育标准 见表11-9。

表11-9 南江黄羊生长发育标准 (厘米,克,千克)

项目		公羊					母羊				
		体高	体长	胸围	日增重	体重	体高	体长	胸围	日增重	体重
2月龄	特	49	51	57	180	14	48	50	55	150	12
	一	45	46	51	145	11	44	46	50	130	10
	二	42	42	45	130	10	40	42	45	115	9
	三	39	39	41	120	9	37	38	40	100	8
6月龄	特	62	64	73	150	31	57	60	67	110	25
	一	55	56	64	115	25	51	53	59	80	20
	二	50	51	58	100	22	46	47	52	70	17
	三	46	47	53	85	19	42	43	47	60	15

续表 11-9

项目		公羊					母羊				
		体高	体长	胸围	日增重	体重	体高	体长	胸围	日增重	体重
周岁	特	68	71	81	80	45	63	67	75	60	36
	一	61	63	72	55	35	57	60	67	45	28
	二	55	57	65	45	30	52	54	60	40	24
	三	50	51	58	35	25	48	49	54	30	21
成年	特	79	85	100	35	70	71	75	87	25	50
	一	72	77	90	35	60	65	68	79	25	42
	二	66	70	82	35	55	59	62	72	25	38
	三	61	64	75	35	50	55	56	65	25	34

(三)繁殖性能标准 见表 11-10。

表 11-10 南江黄羊繁殖性能标准

项目	特级	一级	二级	三级
年产窝数(窝)	≥2.0	≥1.8	≥1.5	≥1.2
窝产羔数(只)	≥2.5	≥2.0	≥1.5	≥1.2
断奶窝重(千克)	>32	>23	>15	>11
断奶成活率(%)	>90	>85	>80	>75

(四)产肉性能标准 周岁羯羊平均胴体重 15 千克,屠宰率 49%,净肉率 38%,以其为基础来进行产肉性能等级的划分。见表 11-11。

表 11-11 南江黄羊产肉性能标准

项目	特级	一级	二级	三级
屠宰率(%)	≥52	≥49	≥47	>45
宰前活重(千克)	≥35	≥30	≥26	>22

通常,屠宰率可以采用产肉指数和膘情评估相结合的方

法估测,种羊的产肉性能可以用同胞、半同胞羯羊的产肉性能测定值来估测或评定。

二、引种标准采用的定义

(一)南江黄羊 指具有全身被毛黄色,黑色背线,头大耳大,颜面清秀,体躯呈圆桶形,结构紧凑的外形特征的肉用山羊品种。

(二)南江黄羊种羊 指在种羊生产群中,按南江黄羊选种标准或引种标准鉴定合格且系谱资料完整的羊只。

(三)产羔率 指产羔母羊产羔总数与母羊产羔总窝数之比。其计算公式为:

产羔率=(产羔母羊产羔总数/母羊产羔总窝数)×100%

(四)胴体重 指羊屠宰并充分放血后,去皮、头(枕环关节处分割)、蹄(前肢系关节、后肢跗关节处分割)、尾(第一尾椎骨处分割)、内脏(不包括肾及肾区脂肪)后的重量。

(五)屠宰率 指胴体重与屠宰前活重(饥饿 24 小时的体重)之比。其计算公式为:

屠宰率=(胴体重/屠宰前活重)×100%

(六)净肉率 指胴体去骨后的净肉重与屠宰前活重之比。其计算公式为:

净肉率=(净肉重/屠宰前活重)×100%

(七)产肉指数 指腿围与体长之比。其计算公式为:

产肉指数=(腿围/体长)×100%

(八)全身被毛黄色 指整个体躯的主体毛色是黄色,包括深黄、浅黄、草黄、褐黄。

(九)个体品质 指对某一个体的体型外貌、生长发育、生产性能的综合衡量。

第十二章　引种与售羊方法

第一节　引　种

一、引种原则

(一)按生产用途选购羊种　羊的品种、数量及类型繁多,引种时应按生产用途选购相应的名种。若需发展奶山羊,则可选购关中奶山羊。若需发展肉用山羊,则可选购布尔山羊或南江黄羊;也可选购布尔山羊或南江黄羊作父本,选购关中奶山羊作母本,进行育种杂交或商品杂交。若需发展肉裘兼用舍饲绵羊,则可选购梁山小尾寒羊。

(二)按照品种特征选购羊种　每一类型的羊都有其基本的品种特征,若需发展肉用羊,则所选购羊只必须具有肉用羊品种的基本特征。

1. 肉用体型明显　体躯宽、深、长而圆,头短小,颈短圆,臀丰满,四肢粗短。后视呈倒"U"形,侧视呈方形或长方形。

2. 早熟性好　早熟性包括性早熟和体早熟两个方面。性早熟是指羊达到性成熟并可发情配种的年龄早,肉用羊一般4～6月龄即可达到性成熟并可发情配种,比其他用途羊早2个月以上。体早熟是指羊的生长速度快,肉用羊幼年体重或周岁体重可达到成年体重的70%以上,也有达到85%～94%的,比在同一条件下繁育的其他用途羊高10%～30%。

3. 增重快　羔羊生长发育快,3～6月龄的平均日增重多在200克以上,有些可达250克以上。

4. 出栏早　羔羊4～6月龄即可出栏上市。育肥羊经过1～2个月的快速育肥,即可达到出栏的育肥体况。

5. 繁殖力高　肉羊具有四季发情,长年配种,多胎多产,保姆性强,泌乳力高的特点。一般1年产2胎、2年产3胎或3年产5胎,每胎产羔2～4只,产羔率多在180%以上,年出栏率多在300%左右。高繁殖力是肉羊品种应兼有的优良特性之一,这样有利于安排合理的产羔与产肉季节,以及提高羊肉的生产效率。

6. 产肉性能佳　一般屠宰率应达50%以上,净肉率应达42%以上,胴体净肉率应达80%以上。

7. 肉质优　肉质细嫩、多汁,蛋白质含量较多,脂肪含量适中(脂尾羊稍多),胆固醇含量低,大理石纹明显,营养丰富,不膻不腻,香味浓,口感好,易消化,嗜食性佳。

8. 要求饲养条件较高　由于肉羊生长发育、增重、繁殖等生产性能较高,所以比其他用途羊所需要的饲草、饲料等饲养条件也就要高。通常舍饲育肥和半舍饲半放牧育肥是肉羊最适宜的饲养方式,放牧育肥方式仅限于少数品种或放牧条件优良的局部地区,多数肉羊品种难以尽快适应较差的放牧条件。良种还需良养,才能发挥良种的生产潜力。

9. 生物学效率高　肉羊由于生产性能高、生产周期短、周转快,因此,生物学效率或产肉效率(每消化100单位的可消化有机物质所生产的胴体重量)较高,尤以多胎多产品种或由体大公羊与体小母羊交配所获后代的生物学效率为高。无论是现在还是将来,肉羊的生产效益必将继续高于除乳羊业以外的其他养羊业,这也正是多年来国内外肉羊业迅猛发展的根本原因所在。

(三)按生态适应性选购羊种　每个羊品种都有其生态学特点,即可适应于特定的生态环境条件,特别是自然地理条件和自然气候条件。若引入品种原产地的生态环境条件与引入地的大体接近,则引入品种容易驯养,并能较好地发挥生产潜力;否则,引入品种难以驯养,并会出现品种退化、生产性能下降的现象。一般幼龄或青年羊比老龄羊容易驯养和适应新的生态环境条件。因此,引种时要有计划、有目的地选购那些能够适应本地生态环境条件的优良羊种。

(四)按发展前景选购羊种　应从生产性能、经济效益、生态效益、社会效益、畜牧业规划、市场大小等方面来考察拟引入品种的发展前景。若前景广阔,则可引进繁育,向外推广。当前,关中奶山羊、小尾寒羊、布尔山羊及南江黄羊等品种,发展前景甚好,值得引种开发。

(五)按来源容易原则选购羊种　我国不但有从国外引入的优良羊种,如莎能奶山羊、布尔山羊、萨福克羊、道赛特羊等,而且有自己培育的优良羊种,如关中奶山羊、南江黄羊、小尾寒羊、同羊等。各地应按来源容易的原则尽可能选购国内培育的羊种。若一味地追求那些稀少的、价格昂贵的从国外引进的优良羊种,有时会造成引种成本过高、难以尽快获益的被动局面。事实上,我国自己培育的一些品种的生产性能,比国外品种还要优良。

(六)按由小到大的规模进行引种　引种数量应视自身的经济能力、圈舍大小和养殖经验而定。一般应先小规模引种(100～500只),获得效益和经验并增加圈舍和草料后,再大规模引种(500只以上),逐步扩大,滚动发展。

(七)按最经济的原则进行引种　采用引进优良公羊与当地母羊进行育种杂交或经济杂交;用引进优良公羊冷冻精液

给当地母羊进行人工授精;将外来良种羊胚胎移植在本地母羊子宫内,即借腹怀胎或胚胎移植等措施,既可降低引种成本,又可达到发展良种的目的。如在布尔肉羊的产业化开发中,可采用以关中奶山羊作母本,以布尔肉羊冷冻精液作父本,进行级进杂交育种的方法;或采用以关中奶山羊作受体,以布尔肉羊作供体,进行胚胎移植生产种羊的方法,这样既能解决因布尔肉羊数量少、价格高、群众购买有困难的问题,又以最快的速度培育了肉羊新品种,或繁殖了布尔肉羊原种羊。

(八)按最佳年龄结构的要求来引种 种羊场的羊由羔羊、青年羊和成年羊组成,合理的年龄结构,能保证生产的正常运转和取得最佳的经营效果。为保证按最佳年龄结构来引种,选羊时需识别羊的年龄大小,其准确的方法是看羊的耳标号或墨刺号。若没有耳标号或墨刺号时,就要根据牙齿生长、脱换、磨损和松动等规律而定。门齿为乳齿时,年龄不足1岁;乳门齿脱换为1,2,3,4对永久门齿时,年龄分别为1~1.5,1.5~2,2~2.5,2.5~3岁左右;4岁时,8枚门齿的咀嚼面较为平齐,称齐口或新满口;5岁时,门齿出现磨损,称老满口;6岁时,磨损更多,门齿间出现明显的缝隙;7岁时,门齿间缝隙更大,称破口;8岁时,牙齿松动;9岁时,牙床上只剩点状齿星,称老口,此时羊的生产性能已非常低,一般都要淘汰。种羊场引种时,提倡断奶羔羊(3~6月龄)、青年羊(7月龄~2岁以下)、成年羊(2岁以上)按3:4:3的羊群结构比例引进。

(九)按"宁贱买老母羊,少贵买小羔羊"的策略来引种 除种羊场外,一般养羊户从外地引羊时,提倡"宁贱买老母羊,少贵买小羔羊"的引羊策略。通常母羊在长出6颗牙尤其是齐口时,便不好出售,引种者要抓住这种心理,把体型外貌、体尺体重都理想的母羊引回。其好处是大多数母羊都已怀孕,运回后便能产羔,很快就能见效益。刚换8个牙的母羊,仅3~4岁口,到破口时还有3~4年的产羔能力,到老口时还有5~6年的产羔能力。如引进老母羊时,应达到以下要求:确已怀孕,带有此羊产的两个以上的羔羊,羊价要低于4对牙以下的羊。为什么要少买羔羊呢?因为羔羊虽体小但长得快,羊主不愿卖,如要买就要出高价。而买羊者一般都误认为羔羊体小、体轻,相对就便宜;也有人认为羔羊的生产期长,因此主张买羔羊。结果大量引回羔羊后,还要饲养一段时间,体重、体高达到要求后才能配种,配种后又需5个月才能产羔,饲料费、人工费等开支很多。更重要的是,饲养户在羊引回后久不见利,便情绪低落,放松饲喂管理,影响羔羊的成活率及母羊的泌乳力。因此,引种后经产母羊和羔羊应保持在1:1,才不会挫伤养羊户的积极性。在政府、羊场或公司等牵头给农户引羊时,每户5~10只大母羊、5~10只小羔羊为好。

(十)按"宁贵买一优,不贱买十劣"的策略来引种 卖羊人的心理是:先卖次再卖好;买羊人的心理是:买贱不买贵。好羊比一般羊贵是合理的。有些引羊者因考虑羊价,而抢着买贱羊,千里迢迢去引羊,结果没有引到优等羊,影响以后生产发展,这也是引羊者应认真考虑的问题。应明确"宁养一优,不养十劣"的重要性。

(十一)公母比例要合适 公羊太少,容易发生母羊空怀或近亲繁殖;公羊太多,会造成引种成本增高,因此,公母比例应合适。经验证明:引种50只以下,公、母比以1:7为宜;引种100只以上,以1:10为宜。

(十二)选购健康、高产的优良羊种 目前我国各地养羊户众多,繁育技术参差不齐,羊种来源复杂。引羊者异地引种,首先要获得专家、技术人员的指导,并在当地良种羊外调人员的协助下,实地摸清当地羊种情况;其次要认真观察准备选购羊种的外貌特征和精神状态,应挑选健康、高产、良种羊,切忌购买病残、低产、土种羊。健康、高产羊只一般具备以下特征:行动灵活,两眼有神,尾毛干净,体毛光亮,叫声洪大,鼻孔及鼻镜湿润,口腔及眼结膜呈粉红色,呼吸匀称,呼出的气体无恶臭,粪便呈褐色稍硬且表面有光泽的粒状。相反,具有下列现象之一的羊不能选购:离群喜卧,皮肤粗松,被毛竖立,两眼无神,不食,不反刍,粪便稀甚至有血液和粘液,呼吸急促,呼出的气体恶臭,鼻镜干燥。

(十三)严把疾病防疫关　应在非疫区引种,应按防疫程序进行原产地和引入地的免疫接种、驱虫、药浴和消毒工作,并应做好出境和入境的检疫工作。

(十四)创造适宜的饲养管理条件　种羊引进后,应尽可能地给其创造与原产地相似的饲养管理条件,若要改变这一条件,也应尽可能地逐步进行,使羊有一个适应、驯化的过程。良种必须良养才能充分发挥良种本身的生产潜力。创造适宜的饲养管理条件,是良养的基本要求。

二、养羊研究、生产、推广场家或基地介绍

截至 2000 年初,我国有羊总数 30 337 万只(其中山羊数 17 068 万只,绵羊数 13 269 万只)。这些羊广泛地分布于全国各地,与之相适应,全国各地也涌现了众多的养羊龙头单位。现仅将部分全国著名的养羊单位加以介绍,供引种者参考。

(一)西北农林科技大学全国养羊供需中心　其基地是西北农林科技大学试验农场和西北农林科技大学国家级种羊场;其依托是西北农林科技大学动物科技学院、畜牧兽医研究所、养羊研究室、中国克隆羊基地以及杨凌国家农业高新技术

产业示范区养羊示范基地、养羊协会和科技信息中心。它是集科研、教学、育种、示范和供需为一体的综合性养羊基地。其基地创建于1937年,经过60多年几代专家的艰苦努力,育成过名羊品种,为我国养羊事业的发展做出了巨大的贡献。现基地生产设施先进,防疫隔离条件优良,绵羊、山羊品种众多,并有一支由各类教授、博士、硕士组成的顶尖级专家队伍作为技术支撑力量。

(二)山东省梁山县国家纯种小尾寒羊繁育基地 梁山基地选育和推广小尾寒羊历史悠久,仅从1980年以来就分别组织实施了国家下达的《小尾寒羊的选育和提高》、《在小尾寒羊产区提高羊肉产量及其综合配套技术开发》、《26万只肉羊生产配套技术推广》和《小尾寒羊舍饲、繁育、育肥试验》等研究项目,经专家鉴定均达到国内、国际先进水平。该基地成立了专门的斗羊协会和养羊协会等组织,每年定期举办赛羊和斗羊等活动,对选出的特级公、母羊披红戴花,对饲养户给予一定的物质和名誉奖励,从而极大地调动了群众多养羊、养好羊的积极性,提高了全县小尾寒羊的数量和质量。截至2000年底,该基地小尾寒羊存栏数量已达43.5万只左右。

梁山小尾寒羊具有生长快、体格大、产羔多、耐粗饲、适应广、易管理和遗传性能稳定等优点。澳大利亚养羊专家爱利丝来梁山考察时,评价梁山小尾寒羊是"世界上不可多得的优良绵羊品种"。梁山小尾寒羊独具风格,深受群众喜爱。

梁山小尾寒羊现已推广到全国26个省、市和自治区的1500多个单位,数量达40万只以上,为全国各地养羊业的发展做出了巨大的贡献。

(三)杨凌金坤生物工程股份有限公司 该公司与西北农林科技大学的专家通力合作,建立了高产主基因检测与利用的DNA标记实验室、超数排卵与胚胎移植的MOET繁育实验室以及含高产主基因种羊的精子库和胚胎库。将采用生物高新技术手段对所引进的布尔山羊、萨福克羊、道赛特羊、鲁西小尾寒羊、关中奶山羊、南江黄羊等名羊进行扩繁,以尽快形成从高产主基因到百姓餐桌的高科技产业化生产链。这一手段主要是:采用世界公认先进的DNA标记技术,筛选种羊高产主基因,使用MOET繁育、胚胎分割繁育、冷冻精液配种和高档羊肉加工等技术,建立良种羊和商品羊生产基地,通过公司加农户的中国特色合同农业模式,加快公司所在地养羊业的产业化开发步伐。

该公司及其所发展的基地,每年可向社会提供高产种羊3 000多只,冷冻精液20多万粒,鲜胚胎和冷冻胚胎4 000多枚,出栏商品羊10万只左右,加工高档羊肉5万吨左右。

(四)杨凌科元生物工程有限公司 杨凌科元生物工程有限公司是生物高科技产业化专业公司,主要从事胚胎工程、基因工程和生物医学工程。公司注册资本3 000万元,是杨凌示范区重点扶持的高新技术企业。

目前,公司产业化的主体工程是利用胚胎工程技术快速繁育羊、牛良种。公司实施的"肉羊、肉牛胚胎工程系列技术产业化"项目已列入2000年度国家计委高新技术产业化示范工程,是杨凌示范区惟一的国家级高新技术产业化示范项目。

公司依托高科技,架起产业化桥梁,以高科技手段促进我国养羊业和生物医学的发展。当前,参股公司和国内外风险基金投资踊跃。公司正在策划境外上市,引进国际资本,使高科技和国际资本优势组合,占领国际生物高科技尖端领域,不断填补国内外空白,在国际上增强我国高科技领域的竞争能力,创建我国生物高科技源头和产业航空母舰,为中国西部的崛起和繁荣做出贡献。

公司的生物工程专家在动物克隆方面取得了世界领先的技术成果,早在1990年就利用胚胎克隆技术获得了世界上第一批胚胎克隆山羊;1995年获得世界首批G_1、G_2、G_3和G_5代胚胎克隆山羊(共45只)和世界首例体外传代的滋养层细胞克隆山羊,形成目前世界上最大的胚胎克隆羊群体;1997年获得我国首例冷冻胚胎克隆牛犊,其克隆胚的体外发育率达到国际先进水平;2000年6月,获得了世界首批体细胞克隆山羊"元元"、"阳阳"。体细胞克隆山羊的成功,将会使养羊界发生一场新的技术革命和变迁。

1. 主要成果

(1)体细胞克隆动物技术:该公司已在体细胞克隆山羊、体细胞克隆牛方面取得突破,山羊和牛细胞克隆胚的囊胚体细胞发育率分别为27%和24%,并已获得体细胞克隆牛妊娠受体和世界首批体细胞克隆山羊。现在,该公司正在应用该项技术克隆良种山羊、绵羊和明星奶牛、肉牛。

(2)动物转基因技术:该公司现已克隆成功的目的基因有人血白蛋白基因、人干扰素基因、肿瘤坏死因子基因和人乳铁蛋白基因,现已获得两只表达人血白蛋白基因的山羊。人类每年需要500吨人血白蛋白,现在主要从人血中提取,但由于人血中不可避免带有病原而导致患者患上更危险的传染病。依靠转基因技术生产人血白蛋白已成为必然趋势。现在,靠基因工程技术生产的人血白蛋白的产量还不到需要量的万分之一,故市场极为广阔。

2. 主要产品

(1)冷冻胚胎:经销良种山羊、绵羊冷冻胚胎,并提供其综合配套技术服务。

(2)冷冻精液:经销良种山羊、绵羊冷冻精液,并进行其技术培训和技术咨询服务。

(3)良种羊只:提供西农莎能奶山羊、无角道赛特等名种羊只。

3. 主要基地　该公司所建的科元生物园是集现代生物技术的研究开发、应用推广和产业示范于一体的高科技园区,它将充分展示胚胎工程、基因工程和生物医学的最新技术成果和产品。整个园区占地40公顷,包括研究开发区、成果展示区、良种繁育区和延伸加工区四大部分,主体建筑有科研大楼、产品展示厅、综合办公楼、种羊舍、胚胎工程生产线、基因工程生产线、生物制品生产线等。

科元生物园的目标是发展高科技,实现产业化。生物园采用多元化投资、现代企业运作的方式,以新机制、大舞台吸纳国内外大批精英,汇集高智能资源,瞄准国际生物高科技前沿,进行研究、开发和产业化攻关。

科元生物园的建成将成为中国西部最具有代表性的农业生物高科技研究开发源、技术成果辐射源、产业示范园和科技旅游观光园。同时发挥科元公司现代化管理优势和强大的销售网络,迅速将高科技转化为现实生产力,带动农户和羊场养羊经济的发展,提高我国养羊业的良种覆盖率。这对建立我国优质、高效养羊业,调整农业产业结构,改善西部生态环境,提高人民生活质量具有重要的战略意义。

(五)北京兴绿原生物科技中心　2000年6月4日,"喝羊奶、治肺病"的我国首例能治人类疾病的转基因羊在北京兴绿原生物科技中心面世。

该转基因羊"连连"、"田田"和"云云",它们身上转有人的抗胰蛋白酶基因。其中转基因母山羊"连连",不久后产下的羊奶将成为治疗肺气肿等肺部疾病的特效药品,患肺病的人通过吃羊奶中提取的药品,甚至只喝羊奶就可以治病了;而转基因公山羊"田田"和"云云",也可以通过交配产生后代,雌性后代的奶中也将含有相同的治病成分。

转基因羊的面世是北京兴绿原生物科技中心在中国农业大学的技术支撑下所实施的"羊乳房生物反应器"项目的研究成果。获得转基因羊的目的之一是今后可以从山羊奶中提取人药用蛋白,研究开发含有保健蛋白的营养制品和生物药品。有关专家认为,获得人基因转基因羊,标志着我国转基因技术进入了新的阶段,为利用动物乳腺生物反应器生产生物药品探索出了一条新的途径。

该公司打算运用克隆技术对3只转基因山羊进行克隆扩群,如果转基因山羊的数量能够达到一定规模,可以无需对羊奶进行提纯制药,人只要直接饮用转基因羊奶就可以收到治病的功效。

(六)陕西省千阳县种羊场　千阳县种羊场建成于1971年,主要承担奶山羊的保种、选育和推广等任务,是国家优良羊种资源保护基地的主要龙头单位。

该场占地16.4公顷,并有饲料生产用地13.9公顷,有固定资产170万元。有容量250只的成年母羊舍2幢,200只的青年母羊、种公羊舍1幢,300只的羔羊舍1幢,3 000立方米的草料库数间。生活与生产区分离,羊舍布局合理,符合兽医卫生规范。有畜牧技术人员10多人。先进的设施、雄厚的技术力量、严谨的科学管理,加上西北农林科技大学养羊专家的悉心指导,奶山羊质量明显提高,达到了"中国奶山羊国家标准(草案)"的要求,遗传性能稳定,用于杂交改良,杂种优势明显。4只种羊在陕西省赛羊大会上分别荣获特、一、二等奖。近年来,已向全国各地推广种羊2700多只,并始终坚持用场内种羊改良本地羊只,使所在县形成了奶山羊高产群5万多只。

（七）陕西省布尔山羊良种繁育中心　陕西省和宝鸡市政府投资700多万元已在麟游县建成起点高、规模大、机制新、科技含量高的布尔山羊良种繁育中心,并先后两次从新西兰、南非等国引进纯种布尔肉羊200多只,经纯繁和胚胎移植已发展到1000多只,现每年可向社会提供纯种布尔山羊1000只以上,冷冻精液30万粒以上,可以满足各地纯繁和杂交改良的需求。

三、引种方法

（一）引种咨询　引羊前可向高等农牧院校、科技人员咨询科学引羊方案,以便达到事半功倍的最佳效果。西北农林科技大学全国养羊供需中心（地址:陕西杨凌西农路5号,联系人:陈海萍,邮编:712100,电话:029-7018631）,在全国各地有100多个加盟协作单位,网络遍布,供需搭桥,技术服务,引羊时可让其给以指导和协助。

（二）引种时间　近距离引种,一年四季均可进行;远距离引种,除严寒酷暑以外的季节,均可进行。通常奶山羊的引种时间,羔羊在前半年,青年羊在后半年,怀孕羊在9～12月份,产奶羊在3～10月份。小尾寒羊的引种时间,前半年在3～6月份,后半年在9～11月份。布尔山羊若进行胚胎移植,在6～8月份引进受体羊;若进行级进杂交,在配种季节购买冷冻精液。

（三）引种地点　在上述全国养羊供需中心的指导下,各种羊既可在原产区引进,又可在发展区引进。下列名羊引种地点可供参考。

关中奶山羊：陕西省关中地区是全国最大的奶山羊基地，特别是其腹地——西北农林科技大学所在的杨凌（国家）农业高新技术产业示范区，奶山羊不但质量高、数量多，而且价格低、运输方便，是引种的最佳地点。

布尔山羊：陕西省在西北农林科技大学的技术支撑下，有各种所有制形式的布尔山羊场10多个，产业化开发或杂交改良的地、市有4个，共饲养纯种布尔山羊4 000多只，杂交1，2，3，4代羊20 000多只，其饲养数量在全国居于首位，是引种的理想地点。

小尾寒羊：山东省梁山县是全国小尾寒羊的中心产区，也是国家确定的小尾寒羊纯种繁育基地，亦是西北农林科技大学养羊高新科技研究推广基地，其小尾寒羊不但数量多、种质纯、质量优，而且选育和推广工作已走向了规范化、科学化的轨道。经验证明：该县在羊只的推广工作中能严把质量关、价格关、检疫关、运输关和手续关，能始终把优质的良种、崇高的信誉和热情的服务放在第一位。因此，山东省梁山县是引种小尾寒羊的合适地点。

南江黄羊：可在四川省巴中地区南江县、通江县，广元地区及秦巴山区等地引种。

辽宁绒山羊：可在辽宁省盖州市、岫岩县、凤城县、庄河县、宽甸县、桓仁县、瓦房店市、本溪市等地引种。也可在陕北的延安及榆林地区引种。

内蒙古绒山羊：可在内蒙古西部的二郎山地区、阿尔巴斯地区、阿拉善左旗等地引种。

济宁青山羊：可在山东省济宁地区、菏泽地区引种。

中卫山羊：可在宁夏中卫县、甘肃景泰县、靖远县等地引种。

安哥拉山羊：可在西北农林科技大学陕北安哥拉山羊试验站引种。

同羊：可在陕西省大荔县、白水县、合阳县、澄城县、淳化县、韩城市等地引种。

阿勒泰羊：可在新疆北部的福海县、富蕴县及阿勒泰地区等地引种。

乌珠穆沁羊：可在内蒙古自治区锡林郭勒盟东部的乌珠穆沁草原地区引种。

萨福克羊：可在陕西省杨凌金坤生物工程股份有限公司、北京市密云县北庄乡种羊场、河北省衡水市顺尧养殖有限责任公司、陕西省靖边县北方牧业公司等地引种。

无角道赛特羊：可在陕西省杨凌金坤生物工程股份有限公司、内蒙古满洲里种羊繁育基地、廊坊市种羊繁育基地、山西省稷山县养羊科技示范园、北京市密云县瑞阁养羊示范小区、西北农林科技大学中国克隆羊基地等地引种。

湖羊：可在浙江省、江苏省、上海市的太湖流域引种。

滩羊：可在宁夏的平罗县、贺兰县、惠农县、陶乐县、石嘴山市、银川市等地引种。

(四)引种中介　引种人员到达引种地点后，应根据引羊咨询结果，寻找中间人或单位协助引羊。中间人一般是养羊专家、养羊能手或养羊爱好者，中间单位一般是高等院校、科研单位或供需中心。中间人或单位的职责是：组织羊只，公道评价，提供暂时饲养场地，协助进行饲养、检疫、防疫、办理手续、托运及租用车辆。引种人员的责任是：选择所需羊只，把好质量关和价格关。选定的种羊，可用塑料耳标、高锰酸钾溶液或喷漆等做好标记，以便识别。

(五)选羊　在确定了所要引进羊的品种、年龄结构、公母比例和数量后,应按品种标准或引羊标准做好羊只的个体选择工作。要求被选羊体型外貌符合品种特征,生长发育正常,生产性能优良,体质坚实,健康无病,繁殖功能正常,个体间有亲缘关系的数量不多,年龄大小和公母比例符合引种要求。

(六)检疫和防疫　由中间人协助引种人员在有关部门进行检疫和防疫,并办理动物检疫证、动物免疫证和车辆消毒证等出境手续。

(七)运羊车辆　应车况良好,车箱大而高。最好由中间人协助购羊人在当地停车场租用回头空车配载,这样的车辆运价较低廉。若购羊较少,可几个引羊人或羊同其他货物合用一辆车。陕西杨凌地区有专门发往各省的空车配载车场,若需用车捎羊,西北农林科技大学全国养羊供需中心可帮助安排。西安市有大小车场300多家,已全部计算机上网,随时公布空车配载信息,若需用车,通过全国养羊供需中心从网上查找即可。山东梁山纯种小尾寒羊调拨站,备有大中型双层运羊专用车辆多部,调羊、运输一条龙服务,可为引种者解决运羊车辆的问题。

(八)运羊　上车前应给羊吃饱饮足,装羊时不要过分拥挤。热天,车顶应敞开,车箱应透风,尽量在早、晚和夜间乘凉赶路,严防捂、热和压羊。途中可给羊喂些青草、秸秆、树叶或蔬菜,不断饮清水。运羊要做到"先慢后快常停车"。开始慢,让羊适应;运输途中人歇车不歇,以尽量缩短运输时间;每走一段路程,特别是上、下山时,要停车检查,以免压伤或丢失羊只。羊只运到后,将汽车停靠在有高台处,打开车箱,搭成缓坡,然后让羊只下车,赶入羊圈。给羊饮些温水,休息2～3个小时后便可饲喂或赶出去吃草。一般5,6,7,8,9,10米长的车箱,每层可装奶山羊断奶羔羊分别为80,110,140,170,200,

230只左右;当年青年羊分别为60,80,100,120,140,160只左右;成年羊50,60,70,80,90,100只左右。双层车可多装1倍。

(九)引种到家后的饲养管理　远途运输羊只易渴,下车后会立即暴饮,易引起水中毒,应控制饮水量,并应在水中加少许食盐。

前10天要尽可能舍饲圈养,避免放牧,以防过劳伤肺。优质青干草、秸秆、树叶等粗饲料任其自由采食。玉米、麸皮、豆类等精饲料尽量少喂。

一般长途运输中,羊易上火患口疮、羊痘、眼病等。为清热解毒消炎,可饮蒲公英水或0.5%的高锰酸钾水;也可给饮水或饲料中添加一点土霉素粉等;还可给羊早晨空腹灌鸡蛋清2~3个,或植物油100~150克,或白糖100~150克,或蜂蜜100~150克,连灌3天。亦可给羊加服3天"黄连解毒汤",即黄连10克,黄芩15克,黄柏20克,栀子15克。

为防止带进传染病,种羊引进后应单独饲养1个月左右,经观察或检疫确诊无病时,方可同其他羊混养。

羊引进后第十五天和第二十五天时,各驱虫1次。然后进行消毒、药浴和预防注射。

(十)引种款的筹措　根据我们了解的情况,各地引羊款的筹措有以下几种方式。

1. 扶羊还羊　西北农林科技大学倡导的"扶羊还羊,技术跟踪,增值分成,滚动发展"的公司加农户的小额扶贫模式,值得借鉴。即:每一贫困户,贷款1 000元,由当地政府统一配给3只羊(关中奶山羊)饲养。1年后发展到9只,交回3只母羊羔,算归还贷款,剩余的羊只归农户所有,两年后可发展到15只左右,每年可出栏20只左右,纯收益每年可达3 000元以上。交回的3只羊,政府再发展1户,逐年扩大。

2. 干部联户养羊　陕西省吴旗县、杨凌示范区倡导的"市民＋农户"的干部联户养羊的扶贫开发模式,也值得借鉴。即:干部或市民自选对象,给贫困户买2只适繁母羊(小尾寒羊),签订合同,借羊还羊,2年1轮,增值分成,滚动发展。还鼓励有投资能力的下岗职工,联合农户进行专业饲养或建立一定规模的羊场,进行集约化生产。通过各种途径加快小尾寒羊的产业化开发。

3. 除本五五分成养羊　陕西省眉县种羊场的刘国强,将自己羊场中的羊按除本五五分成法,贷给周围农户来饲养,一方面间接卖出了羊只,另一方面又能从他人养羊发展中获利。农户则不花购羊钱,也可发"羊财"。

4. 示范园联示范户养羊　山西省稷山县的绿原科技示范园,采取了示范园联示范户的"有钱出钱,没钱出力,借一还二,共同发展"的引羊开发模式。即:示范园把从山东梁山引回的小尾寒羊,给每一示范户投放5只进行繁殖,2年内,每一示范户给示范园还回10只羊,剩余的羊只归农户所有。示范园收回的羊只,既可出售,又可再投放发展。农户将剩余归己的羊只,既可按市场价格交售给示范园,又可饲养扩群。

5. 公司加农户养羊　北京市密云县小东养殖有限责任公司采取了"公司投资,农户饲养,增殖回收,统一外调,除本付款"的公司加农户的养羊开发模式。即:若公司给某户投放了2只羊,而农户增殖后交回了6只羊,则公司扣除原投放的2只羊后,按4只羊给农户结账。这一合同农业模式使龙头企业与农户建立了稳定的购销关系和合理的利益联结机制,能更好地带动农民致富和区域经济发展。

6. 无息贷款养羊　一些地方采取了"银行贷款、政府贴息让农户引羊,农户饲养增殖后,再售羊还贷"的引羊开发模式。实践证明:不少养羊户都能当年还清贷款而又有盈余。

7. 论斤还羊　公家按羊体重,把羊发放到有信用的农户中,1年后按斤还回羊只,多余羊归己有。目前不少地区采用了这种滚动式的引羊开发方法。

8. 公补私助　引羊款县政府补助1/3,乡政府补助1/3,个人出资1/3,农户饲养,统一调拨。若私售1只,除追回补贴的2/3羊款外,还要追罚400元。陕南与陕北一些贫困山区、革命老区使用的就是这种方法。

9. 全部私出　引羊款全部由个人出资。此法优点甚多:责任心强,积极性高,见效快,效益高,感染力大。

10. 金坤模式　杨凌金坤生物工程股份有限公司现正在向全国各地示范推广"政府组织,专家领衔,公司承揽,分户经营"的金坤订单农业模式。其作法之一是:公司吸引西北农林科技大学的生物工程专家技术入股,对布尔山羊进行胚胎移植;公司将胚胎移植成功的羊只(关中奶山羊怀布尔山羊的纯种胚胎),按成本价发放给农户饲养;农户将胚胎移植羊所生布尔羔羊饲养到18千克断奶时,连同受体关中奶山羊一起按市场价交回公司;结合扶贫项目,在政府的组织下,农户贷款购羊,交羊还贷,利润归己。该公司拥有世界上最先进的胚胎移植工厂化生产车间,每月可向社会提供胚胎移植怀孕羊1 000多只。类似这种金坤模式,可优势互补,强强联合,以公司为产业化的龙头,变村庄为产业化的企业,变农户为企业的车间,变农民为车间的牧工,变种粮为种草,最终可实现"龙头围着市场转,农民跟着龙头干"、"市场牵龙头,龙头带基地,基地连农户"、"畜牧发展良种化,农村管理企业化,农民增收订单化"的格局。

第二节 售 羊

一、售羊原则

(一)货不停留利自生　羊价有时高有时低,但该出售的羊要及时出售,不让羊只压在手里,有钱才好周转,才能把钱再变成钱。俗话说"货不停留利自生"。万万不可没人来买,着急;有人来买,见风涨价,把人吓跑。要"快配,快生,快长,快卖,快得利",积少成多,万万不可"积压"。有一种情况是:高价买进羊只,待卖出时,羊价下落,羊多也舍不得卖,结果是羊群越来越大,越养越忙。必须明白,羊产羔多、长得快、周转快,假如是以500元买进,羊价落到400元时,而1年2胎产4只羔羊,育成后卖了得1600元,还是发了"羊财"。

(二)"看家羊"要留好　买主来购羊,都愿意拔尖挑选最好的羊只,不少人愿意出高价"一窝端"。售羊户见了高价,便全部出售,想贵卖后再从其他养羊户买羊来养,殊不知家家都是这样做,结果当地的优良种羊都被挑光,剩下的都是商品羊,以后很难尽快恢复元气。因此,售羊户必须先有计划地留出不能出售的"看家羊",以保留优良的遗传基因进一步扩大发展。

(三)"物美价廉"是根本　售羊户应始终把优良的种羊、低廉的价格、周到的服务和可靠的信誉放在第一位,这样才能赢得客户的信赖,才会有更多的"回头客"。多年来,山东梁山、北京密云、内蒙古满洲里、陕西杨凌等地在售羊工作中对顾客能坚持以诚相待、信誉为重的原则,因此,其养羊事业蒸蒸日上。

二、售羊方法

（一）**在交易市场出售** 在当地羊只交易市场,通过经纪人使买卖双方公平交易。目前,日益活跃的农民经纪人队伍和各种形式的民间流通组织,是搞好羊只及其产品流通的重要市场中介,是推动养羊业产业化开发,促进农业结构调整的一支重要力量。各地应采取鼓励措施,帮助他们解决实际困难,引导他们自我约束、自我完善,发挥更加积极的作用。

（二）**通过政府调拨** 通过政府对内或对外按规划进行调拨。陕西省吴旗县在羊只的出售上就是采用这一方法的。

（三）**通过网络推广** 既可自己上网推广,又可通过陕西杨凌西农路5号西北农林科技大学全国养羊供需中心上网向外推广。欢迎参加"中国羊网"会员协会。

附　图

全国养羊示范基地国家杨凌农业高新技术产业示范区在陕西的位置

金盾版图书，科学实用，
通俗易懂，物美价廉，欢迎选购

草地改良利用	2.90元	母猪科学饲养技术	6.50元
牧草高产栽培	3.70元	猪饲料配方700例	6.50元
优良牧草及栽培技术	7.50元	猪病防治手册(第三版)	9.50元
北方干旱地区牧草栽培与利用	8.50元	养猪场猪病防治	10.00元
		猪繁殖障碍病防治技术	5.00元
退耕还草技术指南	9.00元	猪病针灸疗法	2.80元
实用高效种草养畜技术	7.00元	马驴骡的饲养管理	4.50元
饲料作物高产栽培	4.50元	畜病中草药简便疗法	5.00元
饲料青贮技术	3.00元	养牛与牛病防治(修订版)	6.00元
青贮饲料的调制与利用	4.00元	奶牛肉牛高产技术	6.00元
农作物秸秆饲料加工与应用	7.00元	奶牛高效益饲养技术	8.50元
		肉牛高效益饲养技术	7.50元
秸秆饲料加工与应用技术	3.50元	牛病防治手册	8.00元
饲料添加剂的配制及应用	8.00元	养羊技术指导(第二次修订版)	7.00元
科学养猪指南	17.00元		
科学养猪(第二版)	6.00元	农户舍饲养羊配套技术	12.50元
家庭科学养猪	3.50元	羔羊培育技术	4.00元
快速养猪法(第三次修订版)	5.50元	肉羊高效益饲养技术	6.00元
		怎样养好绵羊	8.00元
瘦肉型猪饲养技术	5.00元	怎样养山羊	6.50元
肥育猪科学饲养技术	5.90元	良种肉山羊养殖技术	5.50元
小猪科学饲养技术	4.80元	奶山羊高效益饲养技术	6.00元

以上图书由全国各地新华书店经销。凡向本社邮购图书者，另加10%邮挂费。书价如有变动，多退少补。邮购地址：北京太平路5号金盾出版社发行部，联系人徐玉珏，邮政编码100036，电话66886188。